第二次全国（R&D）资源清查

# 2009
# 山西省第二次R&D资源清查
# 资料汇编

## 上卷

山西省第二次R&D资源清查领导小组办公室

中国统计出版社
China Statistics Press

（京）新登字 041 号



**图书在版编目（CIP）数据**

2009 山西省第二次 R&D 资源清查资料汇编 / 山西省统计局，山西省第二次 R&D 资源清查领导小组办公室编 . -- 北京 : 中国统计出版社，2011.11

ISBN 978-7-5037-6392-2

Ⅰ . ① 2… Ⅱ . ①山… ②山… Ⅲ . ①科技统计－统计资料－汇编－山西省－ 2009 Ⅳ . ① G322.725

中国版本图书馆 CIP 数据核字 (2011) 第 201978 号

**2009 山西省第二次 R&D 资源清查资料汇编**

作　　者 / 山西省统计局　山西省第二次 R&D 资源清查领导小组办公室
责任编辑 / 余竞雄
责任校对 / 徐永库　魏钦涛
封面设计 / 赵智学
出版发行 / 中国统计出版社
通信地址 / 北京市西城区月坛南街 57 号　邮编 100826
办公地址 / 北京市丰台区西三环南路甲 6 号
电　　话 / (010)63376907
E－mail / yearbook@gj.stats.cn
印　　刷 / 山西三和印刷有限责任公司
经　　销 / 新华书店
开　　本 / 890 × 1240 毫米　1/16
字　　数 / 1400 千字
印　　张 / 44.75
版　　别 / 2011 年 10 月第 1 版
版　　次 / 2011 年 10 月第 1 次印刷
书　　号 / ISBN 978-7-5037-6392-2/G · 202
定　　价 / 390.00 元（上、下卷）

# 《2009 山西省第二次 R&D 资源清查资料汇编》

# 编者说明

为全面掌握山西省研究与试验发展（以下简称 R&D）活动情况，更好地适应宏观管理的需求，山西省统计局、山西省科技厅、山西省发展改革委、山西省教育厅、山西省财政厅于 2009 年联合开展了全省第二次 R&D 资源清查。

此次清查的调查对象是国民经济中 R&D 活动相对密集行业的法人单位，涉及的范围包括：农、林、牧、渔业，采矿业，制造业，电力、燃气及水的生产和供应业，建筑业，交通运输、仓储和邮政业，信息传输、计算机服务和软件业，金融业，租赁和商务服务业，科学研究、技术服务和地质勘探业，水利、环境和公共设施管理业，教育，卫生、社会保障和社会福利业，文化、体育和娱乐业等十四个行业。

清查的主要内容包括：R&D 活动人员数量、素质及其工作量情况；R&D 经费支出、用途及来源情况；研发用仪器设备等固定资产拥有情况；各类研发机构的基本情况；R&D 项目（课题）的研究类型、组织方式及社会经济目标等情况；专利等自主知识产权的拥有及使用情况；技术引进、消化吸收和技术改造情况；政府给予研发活动的税收减免情况等。

《2009 山西省第二次 R&D 资源清查资料汇编》分上下两卷。上卷分为六个部分，包括：综合（主要指标情况）、R&D 活动人员情况、R&D 活动经费情况、R&D 项目（课题）情况、R&D 活动产出情况、研究机构情况等。下卷分为三个部分，包括：工业企业、政府属研究机构、高等学校等。上下卷均附有主要统计指标解释。

本书数据的年份为 2009 年。书中“工业企业”是指年主营业务收入在 500 万元及以上的企业。“政府属研究机构”包括县以上政府部门属科学研究与技术开发机构、科学技术信息和文献机构，但不包括转制院所。下卷中“政府属研究机构”仅包括省科技厅清查的单位。“高等学校”包括全日制普通高等院校及附属医院。

本资料汇编因小数取舍而产生的误差均未作配平调整；各表中的“空格”表示该项统计指标数据不足本表最小单位数或无该项数据；“#”表示其中主要项。

# 目 录

## 第一部分 综合



## 第二部分 研究与试验发展(R&D)活动人员情况

### 一、研究与试验发展(R&D)人员



### 二、研究与试验发展(R&D)人员全时当量

## 第三部分　研究与试验发展(R&D)活动经费情况

### 一、研究与试验发展(R&D)活动经费支出



### 二、研究与试验发展(R&D)活动经费内部支出及支出构成

### 三、研究与试验发展(R&D)活动经费内部支出及来源构成



## 第四部分　研究与试验发展(R&D)项目(课题)情况



## 第五部分　研究与试验发展(R&D)活动产出情况

## 第六部分　研究(开发)机构情况



## 附　　录

# 第一部分
# 综　合

# 1-1 全省研究与试验发展(R&D)活动基本情况

| 指标名称 | 计量单位 | 合计 | 企业 | #工业 | 政府属研究机构 | 高等学校 | 其他 |
|---|---|---|---|---|---|---|---|
| **一、R&D活动单位基本情况** | | | | | | | |
| 单位数 | 个 | 443 | 317 | 262 | 59 | 23 | 44 |
| **二、R&D人员情况** | | | | | | | |
| R&D人员 | 人 | 65147 | 45747 | 40963 | 6023 | 11332 | 2045 |
| #女性 | 人 | 16051 | 9386 | 8502 | 1943 | 3831 | 891 |
| #全时人员 | 人 | 39370 | 28378 | 25513 | 4444 | 5967 | 581 |
| 非全时人员 | 人 | 25777 | 17369 | 15450 | 1579 | 5365 | 1464 |
| #博士毕业 | 人 | 2292 | 207 | 194 | 238 | 1777 | 70 |
| 硕士毕业 | 人 | 7515 | 1466 | 1277 | 903 | 4785 | 361 |
| R&D人员全时当量 | 人年 | 47772 | 35322 | 32703 | 4888 | 6367 | 1195 |
| #研究人员 | 人年 | 25262 | 16701 | 14451 | 2872 | 5031 | 658 |
| #基础研究人员 | 人年 | 3029 | 15 | 15 | 330 | 2636 | 48 |
| 应用研究人员 | 人年 | 8621 | 2048 | 1887 | 1950 | 3567 | 1056 |
| 试验发展人员 | 人年 | 36124 | 33259 | 30800 | 2608 | 164 | 93 |
| **三、R&D经费情况** | | | | | | | |
| R&D经费内部支出 | 万元 | 808563 | 649399 | 603934 | 94114 | 59483 | 5568 |
| #基础研究支出 | 万元 | 22951 | 108 | 108 | 2151 | 20631 | 60 |
| 应用研究支出 | 万元 | 128010 | 28239 | 27335 | 58316 | 36375 | 5080 |
| 试验发展支出 | 万元 | 657602 | 621051 | 576490 | 33646 | 2477 | 428 |
| #日常性支出 | 万元 | 645164 | 542724 | 499753 | 52937 | 45379 | 4124 |
| #人员劳务费 | 万元 | 159283 | 128785 | 117472 | 17847 | 10557 | 2094 |
| 资产性支出 | 万元 | 163399 | 106675 | 104180 | 41177 | 14105 | 1443 |
| #仪器和设备 | 万元 | 141886 | 101749 | 99815 | 26221 | 12514 | 1401 |
| #政府资金 | 万元 | 137282 | 23850 | 22770 | 76150 | 33600 | 3682 |
| 企业资金 | 万元 | 656057 | 621994 | 577811 | 9857 | 22872 | 1333 |
| 国外资金 | 万元 | 622 | 286 | 286 | 319 | 17 | |
| R&D经费外部支出 | 万元 | 49651 | 46181 | 44606 | 1933 | 1396 | 141 |
| **四、R&D机构情况** | | | | | | | |
| 机构数 | 个 | 628 | 352 | 261 | 171 | 83 | 22 |
| 机构R&D人员 | 人 | 18040 | 10547 | 9475 | 6023 | 1286 | 184 |
| 机构R&D经费支出 | 万元 | 234910 | 133557 | 123588 | 94114 | 6888 | 352 |
| **五、R&D项目(课题)情况** | | | | | | | |
| 项目(课题)数 | 个 | 9944 | 2293 | 2044 | 940 | 6505 | 206 |
| 项目(课题)人员全时当量 | 人年 | 41030 | 29345 | 27245 | 4219 | 6361 | 1104 |
| 项目(课题)经费支出 | 万元 | 640736 | 542149 | 500082 | 55414 | 40621 | 2552 |
| **六、R&D活动产出情况** | | | | | | | |
| 专利申请数 | 项 | 2629 | 2045 | 1798 | 238 | 317 | 29 |
| #发明专利 | 项 | 1205 | 768 | 694 | 159 | 263 | 15 |
| 有效发明专利数 | 项 | 2299 | 942 | 856 | 475 | 872 | 10 |
| 发表科技论文 | 篇 | 19882 | 2682 | 2113 | 2127 | 13275 | 1798 |
| 出版科技著作 | 部 | 828 | 1 | | 91 | 660 | 76 |

## 1-2 分登记注册类型研究与试验发展(R&D)活动基本情况

| 指标名称 | 计量单位 | 合计 | 内资 | #国有 | 港、澳、台商投资 | 外商投资 |
|---|---|---|---|---|---|---|
| 一、R&D活动单位基本情况 | | | | | | |
| 单位数 | 个 | 443 | 423 | 158 | 5 | 15 |
| 二、R&D人员情况 | | | | | | |
| R&D人员 | 人 | 65147 | 63817 | 23317 | 509 | 821 |
| #女性 | 人 | 16051 | 15723 | 7655 | 150 | 178 |
| #全时人员 | 人 | 39370 | 38232 | 13489 | 445 | 693 |
| 非全时人员 | 人 | 25777 | 25585 | 9828 | 64 | 128 |
| #博士毕业 | 人 | 2292 | 2285 | 2084 | | 7 |
| 硕士毕业 | 人 | 7515 | 7479 | 6277 | 10 | 26 |
| R&D人员全时当量 | 人年 | 47772 | 46641 | 15195 | 407 | 724 |
| #研究人员 | 人年 | 25262 | 24613 | 10782 | 193 | 456 |
| #基础研究人员 | 人年 | 3029 | 3027 | 3014 | | 2 |
| 应用研究人员 | 人年 | 8621 | 8621 | 6688 | | |
| 试验发展人员 | 人年 | 36124 | 34995 | 5496 | 407 | 722 |
| 三、R&D经费情况 | | | | | | |
| R&D经费内部支出 | 万元 | 808564 | 794926 | 198067 | 8218 | 5420 |
| #基础研究支出 | 万元 | 22951 | 22933 | 22843 | | 18 |
| 应用研究支出 | 万元 | 128010 | 128010 | 99778 | | |
| 试验发展支出 | 万元 | 657601 | 643982 | 75445 | 8218 | 5402 |
| #日常性支出 | 万元 | 645165 | 636263 | 138639 | 3781 | 5121 |
| #人员劳务费 | 万元 | 159283 | 156845 | 41000 | 1092 | 1346 |
| 资产性支出 | 万元 | 163399 | 158663 | 59428 | 4437 | 299 |
| #仪器和设备 | 万元 | 141886 | 137208 | 42130 | 4437 | 241 |
| #政府资金 | 万元 | 137282 | 136156 | 114421 | 424 | 702 |
| 企业资金 | 万元 | 656056 | 643545 | 71976 | 7794 | 4718 |
| 国外资金 | 万元 | 622 | 622 | 336 | | |
| R&D经费外部支出 | 万元 | 49650 | 49539 | 3850 | 69 | 42 |
| 四、R&D机构情况 | | | | | | |
| 机构数 | 个 | 628 | 607 | 312 | 5 | 16 |
| 机构R&D人员 | 人 | 18039 | 17502 | 5660 | 267 | 271 |
| 机构R&D经费支出 | 万元 | 234910 | 230807 | 57044 | 2914 | 1189 |
| 五、R&D项目(课题)情况 | | | | | | |
| 项目(课题)数 | 个 | 9944 | 9866 | 7937 | 32 | 46 |
| 项目(课题)人员全时当量 | 人年 | 41030 | 40170 | 13912 | 353 | 507 |
| 项目(课题)经费支出 | 万元 | 640735 | 630531 | 133697 | 5773 | 4431 |
| 六、R&D活动产出情况 | | | | | | |
| 专利申请数 | 项 | 2629 | 2542 | 859 | 64 | 23 |
| #发明专利 | 项 | 1205 | 1176 | 527 | 18 | 11 |
| 有效发明专利数 | 项 | 2299 | 2234 | 1413 | 54 | 11 |
| 发表科技论文 | 篇 | 19882 | 19872 | 17681 | | 10 |
| 出版科技著作 | 部 | 828 | 828 | 828 | | |

## 1-3　分隶属关系研究与试验发展(R&D)活动基本情况

| 指标名称 | 计量单位 | 合计 | 中央 | 地方 |
| --- | --- | --- | --- | --- |
| **一、R&D活动单位基本情况** | | | | |
| 单位数 | 个 | 443 | 65 | 378 |
| **二、R&D人员情况** | | | | |
| R&D人员 | 人 | 65147 | 12119 | 53028 |
| #女性 | 人 | 16051 | 3092 | 12959 |
| #全时人员 | 人 | 39370 | 9250 | 30120 |
| 非全时人员 | 人 | 25777 | 2869 | 22908 |
| #博士毕业 | 人 | 2292 | 184 | 2108 |
| 硕士毕业 | 人 | 7515 | 941 | 6574 |
| R&D人员全时当量 | 人年 | 47772 | 9390 | 38382 |
| #研究人员 | 人年 | 25262 | 6366 | 18896 |
| #基础研究人员 | 人年 | 3029 | 279 | 2750 |
| 应用研究人员 | 人年 | 8621 | 1667 | 6954 |
| 试验发展人员 | 人年 | 36124 | 7445 | 28679 |
| **三、R&D经费情况** | | | | |
| R&D经费内部支出 | 万元 | 808563 | 235974 | 572589 |
| #基础研究支出 | 万元 | 22951 | 1947 | 21004 |
| 应用研究支出 | 万元 | 128009 | 59066 | 68943 |
| 试验发展支出 | 万元 | 657601 | 174960 | 482641 |
| #日常性支出 | 万元 | 645165 | 163709 | 481456 |
| #人员劳务费 | 万元 | 159283 | 37791 | 121492 |
| 资产性支出 | 万元 | 163400 | 72266 | 91134 |
| #仪器和设备 | 万元 | 141886 | 56541 | 85345 |
| #政府资金 | 万元 | 137283 | 79049 | 58234 |
| 企业资金 | 万元 | 656057 | 146047 | 510010 |
| 国外资金 | 万元 | 622 | 574 | 48 |
| R&D经费外部支出 | 万元 | 49651 | 11682 | 37969 |
| **四、R&D机构情况** | | | | |
| 机构数 | 个 | 628 | 76 | 552 |
| 机构R&D人员 | 人 | 18039 | 7715 | 10324 |
| 机构R&D经费支出 | 万元 | 234911 | 133849 | 101062 |
| **五、R&D项目(课题)情况** | | | | |
| 项目(课题)数 | 个 | 9944 | 931 | 9013 |
| 项目(课题)人员全时当量 | 人年 | 41030 | 7336 | 33694 |
| 项目(课题)经费支出 | 万元 | 640735 | 152397 | 488338 |
| **六、R&D活动产出情况** | | | | |
| 专利申请数 | 项 | 2629 | 809 | 1820 |
| #发明专利 | 项 | 1205 | 358 | 847 |
| 有效发明专利数 | 项 | 2299 | 731 | 1568 |
| 发表科技论文 | 篇 | 19882 | 1505 | 18377 |
| 出版科技著作 | 部 | 828 | 2 | 826 |

# 1-4 分行业研究与试验发展(R&D)活动基本情况

| 指标名称 | 计量单位 | 合计 | 农、林、牧、渔业 | 采矿业 | 制造业 | 电力、燃气及水的生产和供应业 | 建筑业 | 交通运输、仓储和邮政业 | 信息传输、计算机服务和软件业 |
|---|---|---|---|---|---|---|---|---|---|
| **一、R&D活动单位基本情况** | | | | | | | | | |
| 单位数 | 个 | 443 | 11 | 29 | 225 | 8 | 28 | | 9 |
| **二、R&D人员情况** | | | | | | | | | |
| R&D人员 | 人 | 65147 | 172 | 22449 | 18208 | 306 | 3525 | | 330 |
| #女性 | 人 | 16051 | 38 | 3795 | 4660 | 47 | 663 | | 65 |
| #全时人员 | 人 | 39370 | 114 | 13153 | 12305 | 55 | 1967 | | 169 |
| 非全时人员 | 人 | 25777 | 58 | 9296 | 5903 | 251 | 1558 | | 161 |
| #博士毕业 | 人 | 2292 | 5 | 85 | 109 | | 2 | | 2 |
| 硕士毕业 | 人 | 7515 | 10 | 487 | 774 | 16 | 35 | | 24 |
| R&D人员全时当量 | 人年 | 47772 | 97 | 17784 | 14706 | 213 | 1666 | | 193 |
| #研究人员 | 人年 | 25262 | 34 | 6635 | 7727 | 89 | 1864 | | 39 |
| #基础研究人员 | 人年 | 3029 | | | 13 | 2 | | | |
| 应用研究人员 | 人年 | 8621 | 6 | 1700 | 173 | 14 | 29 | | 5 |
| 试验发展人员 | 人年 | 36124 | 91 | 16082 | 14520 | 198 | 1638 | | 188 |
| **三、R&D经费情况** | | | | | | | | | |
| R&D经费内部支出 | 万元 | 808564 | 1870 | 157225 | 445355 | 1353 | 34157 | | 1315 |
| #基础研究支出 | 万元 | 22951 | | | 90 | 18 | | | |
| 应用研究支出 | 万元 | 128010 | 4 | 14393 | 12787 | 154 | 652 | | 28 |
| 试验发展支出 | 万元 | 657602 | 1867 | 142832 | 432478 | 1181 | 33505 | | 1287 |
| #日常性支出 | 万元 | 645165 | 1436 | 149025 | 349518 | 1210 | 33231 | | 1117 |
| #人员劳务费 | 万元 | 159283 | 284 | 69299 | 47892 | 281 | 5375 | | 668 |
| 资产性支出 | 万元 | 163399 | 434 | 8200 | 95837 | 143 | 926 | | 198 |
| #仪器和设备 | 万元 | 141886 | 419 | 7869 | 91805 | 141 | 913 | | 195 |
| #政府资金 | 万元 | 137282 | 315 | 3686 | 19085 | | 20 | | 19 |
| 企业资金 | 万元 | 656056 | 1528 | 153539 | 422918 | 1353 | 34136 | | 1094 |
| 国外资金 | 万元 | 622 | | | 286 | | | | |
| R&D经费外部支出 | 万元 | 49651 | | 30666 | 13269 | 672 | 660 | | 50 |
| **四、R&D机构情况** | | | | | | | | | |
| 机构数 | 个 | 628 | 28 | 22 | 233 | 6 | 42 | 1 | 9 |
| 机构R&D人员 | 人 | 18019 | 60 | 1665 | 7791 | 20 | 226 | | 154 |
| 机构R&D经费支出 | 万元 | 234911 | 461 | 39197 | 84216 | 174 | 997 | | 630 |
| **五、R&D项目(课题)情况** | | | | | | | | | |
| 项目(课题)数 | 个 | 9944 | 26 | 520 | 1495 | 29 | 159 | | 26 |
| 项目(课题)人员全时当量 | 人年 | 41029 | 68 | 15847 | 11245 | 153 | 1226 | | 166 |
| 项目(课题)经费支出 | 万元 | 640735 | 1404 | 135808 | 363435 | 839 | 32246 | | 1132 |
| **六、R&D活动产出情况** | | | | | | | | | |
| 专利申请数 | 项 | 2629 | 12 | 171 | 1573 | 54 | 140 | | 24 |
| #发明专利 | 项 | 1205 | 8 | 60 | 608 | 26 | 28 | | 10 |
| 有效发明专利数 | 项 | 2299 | 7 | 71 | 763 | 22 | 43 | | 1 |
| 发表科技论文 | 篇 | 19882 | 70 | 1166 | 736 | 211 | 446 | | 1 |
| 出版科技著作 | 部 | 828 | 3 | | | | | | |

1-4 续表

| 指标名称 | 计量单位 | 金融业 | 租赁和商务服务业 | 科学研究、技术服务和地质勘查业 | 水利、环境和公共设施管理业 | 教育 | 卫生、社会保障和社会福利业 | 文化、体育和娱乐业 |
|---|---|---|---|---|---|---|---|---|
| **一、R&D活动单位基本情况** | | | | | | | | |
| 单位数 | 个 | 1 | 4 | 74 | 5 | 21 | 27 | 1 |
| **二、R&D人员情况** | | | | | | | | |
| R&D人员 | 人 | 10 | 215 | 6869 | 143 | 10487 | 2427 | 6 |
| #女性 | 人 | | 23 | 2115 | 10 | 3498 | 1133 | 4 |
| #全时人员 | 人 | 8 | 125 | 5016 | 27 | 5291 | 1137 | 3 |
| 非全时人员 | 人 | 2 | 90 | 1853 | 116 | 5196 | 1290 | 3 |
| #博士毕业 | 人 | | 3 | 260 | | 1692 | 134 | |
| 硕士毕业 | 人 | | 9 | 1059 | | 4616 | 485 | |
| R&D人员全时当量 | 人年 | 2 | 146 | 5560 | 88 | 5804 | 1511 | 2 |
| #研究人员 | 人年 | | 43 | 3209 | 6 | 4641 | 974 | 2 |
| #基础研究人员 | 人年 | | | 330 | 16 | 2475 | 193 | |
| 应用研究人员 | 人年 | | | 2200 | 64 | 3165 | 1264 | 2 |
| 试验发展人员 | 人年 | 2 | 146 | 3030 | 8 | 164 | 57 | |
| **三、R&D经费情况** | | | | | | | | |
| R&D经费内部支出 | 万元 | 84 | 1884 | 101989 | 190 | 58156 | 4971 | 15 |
| #基础研究支出 | 万元 | | | 2151 | 12 | 20312 | 368 | |
| 应用研究支出 | 万元 | | | 60075 | 130 | 35524 | 4248 | 15 |
| 试验发展支出 | 万元 | 84 | 1884 | 39762 | 48 | 2321 | 355 | |
| #日常性支出 | 万元 | 61 | 1817 | 59582 | 181 | 44240 | 3733 | 15 |
| #人员劳务费 | 万元 | 56 | 286 | 22666 | 65 | 10129 | 2275 | 7 |
| 资产性支出 | 万元 | 23 | 67 | 42407 | 9 | 13917 | 1239 | |
| #仪器和设备 | 万元 | 23 | 66 | 26925 | 7 | 12326 | 1197 | |
| #政府资金 | 万元 | | 18 | 77861 | 44 | 32423 | 3798 | 15 |
| 企业资金 | 万元 | 84 | 1866 | 15510 | 132 | 22820 | 1075 | |
| 国外资金 | 万元 | | | 319 | | 17 | | |
| R&D经费外部支出 | 万元 | 72 | 538 | 2324 | | 1396 | 5 | |
| **四、R&D机构情况** | | | | | | | | |
| 机构数 | 个 | 1 | 7 | 173 | 2 | 83 | 21 | |
| 机构R&D人员 | 人 | | 126 | 6505 | 31 | 1286 | 157 | |
| 机构R&D经费支出 | 万元 | | 1874 | 100100 | 101 | 6888 | 272 | |
| **五、R&D项目(课题)情况** | | | | | | | | |
| 项目(课题)数 | 个 | 1 | 16 | 989 | 13 | 6101 | 568 | 1 |
| 项目(课题)人员全时当量 | 人年 | 2 | 123 | 4879 | 80 | 5798 | 1441 | 1 |
| 项目(课题)经费支出 | 万元 | 61 | 1602 | 62742 | 140 | 39956 | 1362 | 8 |
| **六、R&D活动产出情况** | | | | | | | | |
| 专利申请数 | 项 | 1 | 4 | 320 | | 307 | 23 | |
| #发明专利 | 项 | 1 | 2 | 193 | | 259 | 10 | |
| 有效发明专利数 | 项 | | 21 | 490 | | 802 | 79 | |
| 发表科技论文 | 篇 | | | 2481 | 20 | 12654 | 2093 | 4 |
| 出版科技著作 | 部 | | | 92 | | 635 | 98 | |

# 1-5 各地区研究与试验发展(R&D)活动基本情况

| 指标名称 | 计量单位 | 合计 | 太原市 | 大同市 | 阳泉市 | 长治市 | 晋城市 |
|---|---|---|---|---|---|---|---|
| **一、R&D活动单位基本情况** | | | | | | | |
| 单位数 | 个 | 443 | 190 | 17 | 22 | 48 | 11 |
| **二、R&D人员情况** | | | | | | | |
| R&D人员 | 人 | 65147 | 29313 | 8955 | 3722 | 7074 | 2740 |
| #女性 | 人 | 16051 | 7492 | 2986 | 175 | 1114 | 551 |
| #全时人员 | 人 | 39370 | 16611 | 7904 | 1507 | 3943 | 1978 |
| 非全时人员 | 人 | 25777 | 12702 | 1051 | 2215 | 3131 | 762 |
| #博士毕业 | 人 | 2292 | 1784 | 58 | 11 | 85 | 17 |
| 硕士毕业 | 人 | 7322 | 5176 | 273 | 34 | 429 | 123 |
| R&D人员全时当量 | 人年 | 47772 | 21153 | 8362 | 1411 | 6047 | 1642 |
| #基础研究人员 | 人年 | 3029 | 2152 | 135 | | 78 | |
| 应用研究人员 | 人年 | 8622 | 5540 | 1597 | 362 | 61 | 6 |
| 试验发展人员 | 人年 | 36123 | 13466 | 6629 | 1048 | 5909 | 1636 |
| **三、R&D经费情况** | | | | | | | |
| R&D经费内部支出 | 万元 | 808563 | 465727 | 52908 | 30000 | 61528 | 33544 |
| #基础研究支出 | 万元 | 22950 | 19176 | 599 | | 128 | |
| 应用研究支出 | 万元 | 128037 | 93432 | 14472 | 5463 | 177 | 51 |
| 试验发展支出 | 万元 | 657601 | 353119 | 37836 | 24537 | 61222 | 33493 |
| #日常性支出 | 万元 | 644165 | 349356 | 47066 | 29499 | 53988 | 31687 |
| #人员劳务费 | 万元 | 159283 | 56818 | 33882 | 4265 | 17139 | 18360 |
| 资产性支出 | 万元 | 163399 | 116371 | 4842 | 500 | 7540 | 1857 |
| #仪器和设备 | 万元 | 141886 | 99285 | 2965 | 495 | 7354 | 1854 |
| #政府资金 | 万元 | 83321 | 59068 | 1631 | 395 | 5147 | 3096 |
| 企业资金 | 万元 | 649860 | 354116 | 39950 | 29605 | 56075 | 30447 |
| 国外资金 | 万元 | 622 | 350 | | | 255 | |
| R&D经费外部支出 | 万元 | 48317 | 8492 | 5360 | 2756 | 10758 | 9988 |
| **四、R&D机构情况** | | | | | | | |
| 机构数 | 个 | 628 | 313 | 22 | 30 | 80 | 28 |
| 机构R&D人员 | 人 | 18040 | 8946 | 1487 | 385 | 2263 | 245 |
| 机构R&D经费支出 | 万元 | 234910 | 122403 | 16511 | 8646 | 16270 | 8628 |
| **五、R&D项目(课题)情况** | | | | | | | |
| 项目(课题)数 | 个 | 9944 | 6488 | 432 | 141 | 573 | 55 |
| 项目(课题)人员全时当量 | 人年 | 41030 | 18728 | 7571 | 1174 | 4635 | 1325 |
| 项目(课题)经费支出 | 万元 | 640735 | 373101 | 40807 | 29223 | 43458 | 25270 |
| **六、R&D活动产出情况** | | | | | | | |
| 专利申请数 | 项 | 2629 | 1660 | 72 | 55 | 195 | 109 |
| #发明专利 | 项 | 1205 | 809 | 31 | 28 | 85 | 36 |
| 有效发明专利数 | 项 | 2299 | 1722 | 56 | 65 | 72 | 31 |
| 发表科技论文 | 篇 | 19882 | 14021 | 1293 | 108 | 730 | 426 |
| 出版科技著作 | 部 | 828 | 547 | 42 | | 53 | |

1-5 续表

| 指标名称 | 计量单位 | 朔州市 | 晋中市 | 运城市 | 忻州市 | 临汾市 | 吕梁市 |
|---|---|---|---|---|---|---|---|
| **一、R&D活动单位基本情况** | | | | | | | |
| 单位数 | 个 | 7 | 68 | 27 | 10 | 29 | 14 |
| **二、R&D人员情况** | | | | | | | |
| R&D人员 | 人 | 176 | 4277 | 3243 | 435 | 3911 | 1301 |
| #女性 | 人 | 20 | 994 | 1049 | 158 | 1180 | 332 |
| #全时人员 | 人 | 91 | 3171 | 1754 | 205 | 1390 | 816 |
| 非全时人员 | 人 | 85 | 1106 | 1489 | 230 | 2521 | 485 |
| #博士毕业 | 人 | 2 | 75 | 39 | 22 | 196 | 3 |
| 硕士毕业 | 人 | 14 | 354 | 184 | 88 | 594 | 53 |
| R&D人员全时当量 | 人年 | 147 | 3301 | 2906 | 295 | 1609 | 899 |
| #基础研究人员 | 人年 | | 222 | 23 | 74 | 316 | 28 |
| 应用研究人员 | 人年 | | 517 | 14 | 21 | 247 | 257 |
| 试验发展人员 | 人年 | 147 | 2561 | 2868 | 200 | 1045 | 614 |
| **三、R&D经费情况** | | | | | | | |
| R&D经费内部支出 | 万元 | 9360 | 58701 | 38651 | 2086 | 37928 | 18132 |
| #基础研究支出 | 万元 | | 1564 | 50 | 129 | 1285 | 20 |
| 应用研究支出 | 万元 | | 9863 | 52 | 15 | 1536 | 2975 |
| 试验发展支出 | 万元 | 9360 | 47300 | 38550 | 1942 | 35106 | 15136 |
| #日常性支出 | 万元 | 5130 | 40513 | 32369 | 1946 | 35722 | 16890 |
| #人员劳务费 | 万元 | 1743 | 9483 | 6593 | 554 | 5809 | 4637 |
| 资产性支出 | 万元 | 4230 | 18188 | 6282 | 140 | 2206 | 1242 |
| #仪器和设备 | 万元 | 4217 | 16227 | 6007 | 127 | 2149 | 1207 |
| #政府资金 | 万元 | 65 | 5287 | 2980 | 417 | 5080 | 156 |
| 企业资金 | 万元 | 9295 | 43171 | 35475 | 1629 | 32121 | 17975 |
| 国外资金 | 万元 | | 17 | | | | |
| R&D经费外部支出 | 万元 | 3271 | 305 | 1629 | 9 | 4382 | 1368 |
| **四、R&D机构情况** | | | | | | | |
| 机构数 | 个 | 7 | 54 | 25 | 24 | 32 | 13 |
| 机构R&D人员 | 人 | 100 | 1601 | 1327 | 158 | 987 | 541 |
| 机构R&D经费支出 | 万元 | 9014 | 18442 | 12027 | 402 | 14141 | 8427 |
| **五、R&D项目(课题)情况** | | | | | | | |
| 项目(课题)数 | 个 | 42 | 611 | 239 | 145 | 1106 | 112 |
| 项目(课题)人员全时当量 | 人年 | 126 | 2844 | 2325 | 242 | 1286 | 774 |
| 项目(课题)经费支出 | 万元 | 9224 | 48708 | 27690 | 1797 | 31713 | 9745 |
| **六、R&D活动产出情况** | | | | | | | |
| 专利申请数 | 项 | 10 | 192 | 200 | 23 | 96 | 17 |
| #发明专利 | 项 | 3 | 87 | 71 | 7 | 37 | 11 |
| 有效发明专利数 | 项 | 4 | 120 | 146 | 17 | 54 | 12 |
| 发表科技论文 | 篇 | 9 | 1069 | 613 | 349 | 926 | 338 |
| 出版科技著作 | 部 | | 107 | 11 | 19 | 28 | 21 |

# 第二部分

# 研究与试验发展（R&D）活动人员情况

研究与试验发展(R&D)人员

研究与试验发展(R&D)人员全时当量

# 2–1–1 全省研究与试验发展(R&D)活动人员

| 项　　目 | 有R&D活动的单位数(个) | 研究与试验发展(R&D)人员(人) | #女性 | #研究人员 | #全时人员 | #博士毕业 | 硕士毕业 | 本科毕业 |
|---|---|---|---|---|---|---|---|---|
| **总　　计** | **443** | **65147** | **16051** | **39613** | **39370** | **2292** | **7515** | **16620** |
| **一、按登记注册类型分组** | | | | | | | | |
| 内资企业 | 423 | 63817 | 15723 | 38879 | 38232 | 2285 | 7479 | 16308 |
| 国有企业 | 158 | 23317 | 7655 | 20908 | 13489 | 2084 | 6277 | 8941 |
| 集体企业 | 5 | 52 | 12 | 21 | 21 | | 1 | 22 |
| 股份合作企业 | 3 | 29 | 8 | 15 | 25 | | | 4 |
| 有限责任公司 | 144 | 34499 | 6533 | 15376 | 21517 | 133 | 970 | 5081 |
| 股份有限公司 | 35 | 4178 | 1230 | 1557 | 2019 | 39 | 177 | 1878 |
| 私营企业 | 77 | 1723 | 281 | 994 | 1142 | 29 | 53 | 369 |
| 其他内资企业 | 1 | 19 | 4 | 8 | 19 | | 1 | 13 |
| 港、澳、台商投资企业 | 5 | 509 | 150 | 240 | 445 | | 10 | 181 |
| 外商投资企业 | 15 | 821 | 178 | 494 | 693 | 7 | 26 | 131 |
| **二、按隶属关系分组** | | | | | | | | |
| 中央 | 65 | 12119 | 3092 | 8346 | 9250 | 184 | 941 | 5411 |
| 地方 | 378 | 53028 | 12959 | 31267 | 30120 | 2108 | 6574 | 11209 |
| **三、按行业分组** | | | | | | | | |
| 农、林、牧、渔业 | 11 | 172 | 38 | 64 | 114 | 5 | 10 | 94 |
| 采矿业 | 29 | 22449 | 3795 | 7917 | 13153 | 85 | 487 | 1436 |
| 制造业 | 225 | 18208 | 4660 | 9616 | 12305 | 109 | 774 | 6077 |
| 电力、燃气及水的生产和供应业 | 8 | 306 | 47 | 127 | 55 | | 16 | 37 |
| 建筑业 | 28 | 3525 | 663 | 7650 | 1967 | 2 | 35 | 710 |
| 信息传输、计算机服务和软件业 | 9 | 330 | 65 | 66 | 169 | 2 | 24 | 109 |
| 金融业 | 1 | 10 | | 1 | 8 | | | |
| 租赁和商务服务业 | 4 | 215 | 23 | 56 | 125 | 3 | 9 | 148 |
| 科学研究、技术服务和地质勘查业 | 74 | 6869 | 2115 | 3806 | 5016 | 260 | 1059 | 3944 |
| 水利、环境和公共设施管理业 | 5 | 143 | 10 | 17 | 27 | | | 8 |
| 居民服务和其他服务业 | | | | | | | | |
| 教育 | 21 | 10487 | 3498 | 8787 | 5291 | 1692 | 4616 | 3673 |
| 卫生、社会保障和社会福利业 | 27 | 2427 | 1133 | 1500 | 1137 | 134 | 485 | 384 |
| 文化、体育和娱乐业 | 1 | 6 | 4 | 6 | 3 | | | |
| **四、按地区分组** | | | | | | | | |
| 太原市 | 190 | 29313 | 7492 | 18998 | 16611 | 1784 | 5369 | 8750 |
| 大同市 | 17 | 8955 | 2986 | 3807 | 7904 | 58 | 273 | 1239 |
| 阳泉市 | 22 | 3722 | 175 | 521 | 1507 | 11 | 34 | 214 |
| 长治市 | 48 | 7074 | 1114 | 3319 | 3943 | 85 | 429 | 2069 |
| 晋城市 | 11 | 2740 | 551 | 1398 | 1978 | 17 | 123 | 236 |
| 朔州市 | 7 | 176 | 20 | 131 | 91 | 2 | 14 | 82 |
| 晋中市 | 68 | 4277 | 994 | 1822 | 3171 | 75 | 354 | 1278 |
| 运城市 | 27 | 3243 | 1049 | 1429 | 1754 | 39 | 184 | 1077 |
| 忻州市 | 10 | 435 | 158 | 282 | 205 | 22 | 88 | 258 |
| 临汾市 | 29 | 3911 | 1180 | 7430 | 1390 | 196 | 594 | 1083 |
| 吕梁市 | 14 | 1301 | 332 | 476 | 816 | 3 | 53 | 334 |

# 2-1-2 企业研究与试验发展(R&D)活动人员

| 项　　目 | 有R&D活动的单位数(个) | 研究与试验发展(R&D)人员(人) | #女性 | #全时人员 | #博士毕业 | 硕士毕业 | 本科毕业 |
|---|---|---|---|---|---|---|---|
| **总　　计** | **317** | **45747** | **9386** | **28378** | **207** | **1466** | **8966** |
| **一、按登记注册类型分组** | | | | | | | |
| 内资企业 | 297 | 44417 | 9058 | 27240 | 200 | 1430 | 8654 |
| 国有企业 | 35 | 3951 | 1008 | 2525 | 9 | 228 | 1297 |
| 集体企业 | 5 | 52 | 12 | 21 | | 1 | 22 |
| 股份合作企业 | 2 | 20 | 2 | 20 | | | 4 |
| 有限责任公司 | 144 | 34499 | 6533 | 21517 | 133 | 970 | 5081 |
| 股份有限公司 | 35 | 4178 | 1230 | 2019 | 39 | 177 | 1878 |
| 私营企业 | 75 | 1698 | 269 | 1119 | 19 | 53 | 359 |
| 其他内资企业 | 1 | 19 | 4 | 19 | | 1 | 13 |
| 港、澳、台商投资企业 | 5 | 509 | 150 | 445 | | 10 | 181 |
| 外商投资企业 | 15 | 821 | 178 | 693 | 7 | 26 | 131 |
| **二、按隶属关系分组** | | | | | | | |
| 中央 | 56 | 7981 | 1799 | 5974 | 18 | 399 | 3078 |
| 地方 | 261 | 37766 | 7587 | 22404 | 189 | 1067 | 5888 |
| **三、按行业分组** | | | | | | | |
| 农业 | 3 | 88 | 19 | 67 | 1 | 6 | 59 |
| 林业 | 1 | 16 | 2 | 8 | 1 | | 3 |
| 畜牧业 | 4 | 26 | 5 | 20 | | | 7 |
| 煤炭开采和洗选业 | 29 | 22449 | 3795 | 13153 | 85 | 487 | 1436 |
| 农副食品加工业 | 3 | 51 | 10 | 46 | | 3 | 9 |
| 食品制造业 | 4 | 118 | 24 | 98 | 6 | 6 | 68 |
| 饮料制造业 | 4 | 364 | 184 | 334 | 1 | 7 | 144 |
| 烟草制品业 | 1 | 46 | 33 | 46 | | | |
| 纺织业 | 3 | 52 | 11 | 26 | | | |
| 纺织服装、鞋、帽制造业 | 1 | 18 | 6 | 10 | | | |
| 印刷业和记录媒介的复制 | 1 | 40 | 5 | 34 | | | |
| 文教体育用品制造业 | 1 | 117 | 35 | 117 | | | 15 |
| 石油加工、炼焦及核燃料加工业 | 9 | 981 | 160 | 595 | 6 | 62 | 206 |
| 化学原料及化学制品制造业 | 25 | 2655 | 760 | 1355 | 35 | 100 | 1204 |
| 医药制造业 | 21 | 1353 | 521 | 938 | 12 | 69 | 484 |
| 橡胶制品业 | 5 | 159 | 61 | 101 | | 3 | 72 |
| 塑料制品业 | 1 | 4 | | 2 | | | |
| 非金属矿物制品业 | 28 | 692 | 115 | 474 | 4 | 11 | 82 |

2-1-2 续表

| 项　　目 | 有R&D活动的单位数(个) | 研究与试验发展(R&D)人员(人) | #女性 | #全时人员 | #博士毕业 | 硕士毕业 | 本科毕业 |
|---|---|---|---|---|---|---|---|
| 黑色金属冶炼及压延加工业 | 8 | 3434 | 577 | 2177 | 10 | 64 | 401 |
| 有色金属冶炼及压延加工业 | 9 | 650 | 56 | 269 | 9 | 19 | 100 |
| 金属制品业 | 4 | 53 | 10 | 34 | 2 | 2 | 11 |
| 通用设备制造业 | 27 | 1129 | 365 | 973 | 8 | 27 | 465 |
| 专用设备制造业 | 32 | 3284 | 896 | 2309 | 7 | 212 | 1607 |
| 交通运输设备制造业 | 13 | 1125 | 264 | 845 | 2 | 51 | 517 |
| 电气机械及器材制造业 | 8 | 841 | 277 | 679 |  | 74 | 383 |
| 通信设备、计算机及其他电子设备制造业 | 9 | 543 | 172 | 393 | 4 | 35 | 162 |
| 仪器仪表及文化、办公用机械制造业 | 8 | 499 | 118 | 450 | 3 | 29 | 147 |
| 电力、热力的生产和供应业 | 8 | 306 | 47 | 55 |  | 16 | 37 |
| 房屋和土木工程建筑业 | 26 | 3482 | 655 | 1950 | 2 | 34 | 677 |
| 建筑安装业 | 2 | 43 | 8 | 17 |  | 1 | 33 |
| 电信和其他信息传输服务业 | 2 | 160 | 28 | 21 |  | 1 | 16 |
| 计算机服务业 | 4 | 118 | 27 | 100 | 1 | 20 | 63 |
| 软件业 | 3 | 52 | 10 | 48 | 1 | 3 | 30 |
| 保险业 | 1 | 10 |  | 8 |  |  |  |
| 商务服务业 | 4 | 215 | 23 | 125 | 3 | 9 | 148 |
| 研究与试验发展 | 1 | 502 | 90 | 455 | 4 | 103 | 340 |
| 专业技术服务业 | 1 | 57 | 15 | 35 |  | 12 | 33 |
| 科技交流和推广服务业 | 1 | 6 |  | 6 |  |  | 4 |
| 公共设施管理业 | 1 | 4 |  |  |  |  | 3 |
| 卫生 | 1 | 5 | 2 | 5 |  |  |  |
| **四、按地区分组** |  |  |  |  |  |  |  |
| 太原市 | 112 | 15180 | 2688 | 8258 | 53 | 641 | 3452 |
| 大同市 | 11 | 7990 | 2657 | 7234 | 17 | 60 | 724 |
| 阳泉市 | 21 | 3714 | 174 | 1504 | 11 | 34 | 211 |
| 长治市 | 36 | 6688 | 928 | 3719 | 62 | 304 | 1901 |
| 晋城市 | 10 | 2734 | 546 | 1974 | 17 | 123 | 236 |
| 朔州市 | 6 | 169 | 19 | 84 | 2 | 14 | 80 |
| 晋中市 | 59 | 2616 | 540 | 2100 | 11 | 40 | 477 |
| 运城市 | 24 | 2985 | 961 | 1645 | 22 | 127 | 947 |
| 忻州市 | 6 | 111 | 22 | 82 | 3 | 12 | 52 |
| 临汾市 | 22 | 2595 | 622 | 1015 | 9 | 102 | 592 |
| 吕梁市 | 10 | 965 | 229 | 763 |  | 9 | 294 |

## 2-1-3　工业企业研究与试验发展(R&D)活动人员

| 项　　目 | 有R&D活动的单位数(个) | 研究与试验发展(R&D)人员(人) | #女性 | #研究人员 | #全时人员 | #博士毕业 | 硕士毕业 | 本科毕业 |
|---|---|---|---|---|---|---|---|---|
| **总　　计** | **262** | **40963** | **8502** | **17660** | **25513** | **194** | **1277** | **7550** |
| **一、按登记注册类型分组** | | | | | | | | |
| 内资企业 | 242 | 39633 | 8174 | 16926 | 24375 | 187 | 1241 | 7238 |
| 国有企业 | 22 | 2034 | 561 | 1285 | 1529 | 5 | 109 | 821 |
| 集体企业 | 3 | 42 | 12 | 20 | 15 | | 1 | 21 |
| 股份合作企业 | 1 | 14 | 2 | | 14 | | | |
| 有限责任公司 | 122 | 32109 | 6169 | 13218 | 19845 | 129 | 913 | 4319 |
| 股份有限公司 | 28 | 3907 | 1181 | 1475 | 1901 | 37 | 169 | 1783 |
| 私营企业 | 66 | 1527 | 249 | 928 | 1071 | 16 | 49 | 294 |
| 港、澳、台商投资企业 | 5 | 509 | 150 | 240 | 445 | | 10 | 181 |
| 外商投资企业 | 15 | 821 | 178 | 494 | 693 | 7 | 26 | 131 |
| **二、按行业分组** | | | | | | | | |
| 煤炭开采和洗选业 | 29 | 22449 | 3795 | 7917 | 13153 | 85 | 487 | 1436 |
| 农副食品加工业 | 3 | 51 | 10 | 23 | 46 | | 3 | 9 |
| 食品制造业 | 4 | 118 | 24 | 71 | 98 | 6 | 6 | 68 |
| 饮料制造业 | 4 | 364 | 184 | 148 | 334 | 1 | 7 | 144 |
| 烟草制品业 | 1 | 46 | 33 | 37 | 46 | | | |
| 纺织业 | 3 | 52 | 11 | 23 | 26 | | | |
| 纺织服装、鞋、帽制造业 | 1 | 18 | 6 | 12 | 10 | | | |
| 印刷业和记录媒介的复制 | 1 | 40 | 5 | 36 | 34 | | | |
| 文教体育用品制造业 | 1 | 117 | 35 | 21 | 117 | | | 15 |
| 石油加工、炼焦及核燃料加工业 | 9 | 981 | 160 | 672 | 595 | 6 | 62 | 206 |
| 化学原料及化学制品制造业 | 25 | 2655 | 760 | 1383 | 1355 | 35 | 100 | 1204 |
| 医药制造业 | 21 | 1353 | 521 | 418 | 938 | 12 | 69 | 484 |
| 橡胶制品业 | 5 | 159 | 61 | 104 | 101 | | 3 | 72 |
| 塑料制品业 | 1 | 4 | | 4 | 2 | | | |
| 非金属矿物制品业 | 28 | 692 | 115 | 389 | 474 | 4 | 11 | 82 |

2-1-3 续表

| 项目 | 有R&D活动的单位数(个) | 研究与试验发展(R&D)人员(人) | #女性 | #研究人员 | #全时人员 | #博士毕业 | 硕士毕业 | 本科毕业 |
|---|---|---|---|---|---|---|---|---|
| 黑色金属冶炼及压延加工业 | 8 | 3434 | 577 | 1375 | 2177 | 10 | 64 | 401 |
| 有色金属冶炼及压延加工业 | 9 | 650 | 56 | 313 | 269 | 9 | 19 | 100 |
| 金属制品业 | 4 | 53 | 10 | 26 | 34 | 2 | 2 | 11 |
| 通用设备制造业 | 27 | 1129 | 365 | 591 | 973 | 8 | 27 | 465 |
| 专用设备制造业 | 32 | 3284 | 896 | 2123 | 2309 | 7 | 212 | 1607 |
| 交通运输设备制造业 | 13 | 1125 | 264 | 665 | 845 | 2 | 51 | 517 |
| 电气机械及器材制造业 | 8 | 841 | 277 | 552 | 679 |  | 74 | 383 |
| 通信设备、计算机及其他电子设备制造业 | 9 | 543 | 172 | 403 | 393 | 4 | 35 | 162 |
| 仪器仪表及文化、办公用机械制造业 | 8 | 499 | 118 | 227 | 450 | 3 | 29 | 147 |
| 电力、热力的生产和供应业 | 8 | 306 | 47 | 127 | 55 |  | 16 | 37 |
| **三、按地区分组** |  |  |  |  |  |  |  |  |
| 太原市 | 77 | 11963 | 2200 | 6168 | 5951 | 43 | 461 | 2142 |
| 大同市 | 11 | 7990 | 2657 | 3197 | 7234 | 17 | 60 | 724 |
| 阳泉市 | 19 | 3708 | 174 | 513 | 1504 | 11 | 34 | 208 |
| 长治市 | 29 | 6562 | 904 | 3052 | 3613 | 60 | 295 | 1809 |
| 晋城市 | 9 | 2718 | 544 | 1379 | 1966 | 16 | 123 | 233 |
| 朔州市 | 6 | 169 | 19 | 127 | 84 | 2 | 14 | 80 |
| 晋中市 | 55 | 2469 | 535 | 934 | 2000 | 11 | 40 | 470 |
| 运城市 | 21 | 2967 | 957 | 1195 | 1637 | 22 | 127 | 946 |
| 忻州市 | 6 | 111 | 22 | 43 | 82 | 3 | 12 | 52 |
| 临汾市 | 19 | 1341 | 261 | 731 | 679 | 9 | 102 | 592 |
| 吕梁市 | 10 | 965 | 229 | 321 | 763 |  | 9 | 294 |

# 2-1-4 非工业企业研究与试验发展(R&D)活动人员

| 项　　目 | 有R&D活动的单位数(个) | 研究与试验发展(R&D)人员(人) | #女性 | #全时人员 | #博士毕业 | 硕士毕业 | 本科毕业 |
|---|---|---|---|---|---|---|---|
| **总　　计** | **55** | **4784** | **884** | **2865** | **13** | **189** | **1416** |
| **一、按登记注册类型分组** | | | | | | | |
| 内资企业 | 55 | 4784 | 884 | 2865 | 13 | 189 | 1416 |
| 国有企业 | 13 | 1917 | 447 | 996 | 4 | 119 | 476 |
| 集体企业 | 2 | 10 | | 6 | | | 1 |
| 股份合作企业 | 1 | 6 | | 6 | | | 4 |
| 有限责任公司 | 22 | 2390 | 364 | 1672 | 4 | 57 | 762 |
| 股份有限公司 | 7 | 271 | 49 | 118 | 2 | 8 | 95 |
| 私营企业 | 9 | 171 | 20 | 48 | 3 | 4 | 65 |
| 其他内资企业 | 1 | 19 | 4 | 19 | | 1 | 13 |
| **二、按行业分组** | | | | | | | |
| 农业 | 3 | 88 | 19 | 67 | 1 | 6 | 59 |
| 林业 | 1 | 16 | 2 | 8 | 1 | | 3 |
| 畜牧业 | 4 | 26 | 5 | 20 | | | 7 |
| 房屋和土木工程建筑业 | 26 | 3482 | 655 | 1950 | 2 | 34 | 677 |
| 建筑安装业 | 2 | 43 | 8 | 17 | | 1 | 33 |
| 电信和其他信息传输服务业 | 2 | 160 | 28 | 21 | | 1 | 16 |
| 计算机服务业 | 4 | 118 | 27 | 100 | 1 | 20 | 63 |
| 软件业 | 3 | 52 | 10 | 48 | 1 | 3 | 30 |
| 保险业 | 1 | 10 | | 8 | | | |
| 商务服务业 | 4 | 215 | 23 | 125 | 3 | 9 | 148 |
| 研究与试验发展 | 1 | 502 | 90 | 455 | 4 | 103 | 340 |
| 专业技术服务业 | 1 | 57 | 15 | 35 | | 12 | 33 |
| 科技交流和推广服务业 | 1 | 6 | | 6 | | | 4 |
| 公共设施管理业 | 1 | 4 | | | | | 3 |
| 卫生 | 1 | 5 | 2 | 5 | | | |
| **三、按地区分组** | | | | | | | |
| 太原市 | 35 | 3217 | 488 | 2307 | 10 | 180 | 1310 |
| 阳泉市 | 2 | 6 | | | | | 3 |
| 长治市 | 7 | 126 | 24 | 106 | 2 | 9 | 92 |
| 晋城市 | 1 | 16 | 2 | 8 | 1 | | 3 |
| 晋中市 | 4 | 147 | 5 | 100 | | | 7 |
| 运城市 | 3 | 18 | 4 | 8 | | | 1 |
| 临汾市 | 3 | 1254 | 361 | 336 | | | |

## 2-1-5 政府属研究机构研究与试验发展(R&D)活动人员

| 项目 | 有R&D活动的单位数(个) | 研究与试验发展(R&D)人员(人) | #女性 | #研究人员 | #全时人员 | #博士毕业 | 硕士毕业 | 本科毕业 |
|---|---|---|---|---|---|---|---|---|
| **总计** | **59** | **6023** | **1943** | **3380** | **4444** | **238** | **903** | **3406** |
| **一、按隶属关系分组** | | | | | | | | |
| 中央 | 7 | 4078 | 1276 | 2358 | 3254 | 166 | 529 | 2302 |
| 地方 | 52 | 1945 | 667 | 1022 | 1190 | 72 | 374 | 1104 |
| **二、按行业分组** | | | | | | | | |
| 科学研究、技术服务和地质勘查业 | 59 | 6023 | 1943 | 3380 | 4444 | 238 | 903 | 3406 |
| **三、按地区分组** | | | | | | | | |
| 太原市 | 33 | 3975 | 1322 | 2319 | 2871 | 212 | 687 | 2163 |
| 大同市 | 2 | 639 | 203 | 364 | 518 | 5 | 70 | 416 |
| 阳泉市 | 1 | 8 | 1 | 5 | 3 | | | 3 |
| 长治市 | 10 | 133 | 44 | 38 | 92 | 1 | 11 | 74 |
| 晋城市 | 1 | 6 | 5 | 1 | 4 | | | |
| 朔州市 | 1 | 7 | 1 | 4 | 7 | | | 2 |
| 晋中市 | 3 | 770 | 232 | 675 | 643 | 5 | 86 | 482 |
| 运城市 | 2 | 176 | 56 | 152 | 87 | 10 | 20 | 92 |
| 忻州市 | 2 | 74 | 23 | 22 | 45 | 1 | 4 | 47 |
| 临汾市 | 3 | 165 | 56 | 82 | 124 | 2 | 16 | 88 |
| 吕梁市 | 1 | 50 | | 35 | 50 | 2 | 9 | 39 |

## 2-1-6 高等学校研究与试验发展(R&D)活动人员

| 项目 | 有R&D活动的单位数(个) | 研究与试验发展(R&D)人员(人) | #女性 | #研究人员 | #全时人员 | #博士毕业 | 硕士毕业 | 本科毕业 |
|---|---|---|---|---|---|---|---|---|
| **总计** | **23** | **11332** | **3831** | **9373** | **5967** | **1777** | **4785** | **3959** |
| **一、按隶属关系分组** | | | | | | | | |
| 地方 | 23 | 11332 | 3831 | 9373 | 5967 | 1777 | 4785 | 3959 |
| **二、按行业分组** | | | | | | | | |
| 教育 | 21 | 10487 | 3498 | 8787 | 5291 | 1692 | 4616 | 3673 |
| 卫生、社会保障和社会福利业 | 2 | 845 | 333 | 586 | 676 | 85 | 169 | 286 |
| **三、按地区分组** | | | | | | | | |
| 太原市 | 14 | 8746 | 2802 | 7242 | 4984 | 1454 | 3722 | 2919 |
| 大同市 | 1 | 253 | 101 | 225 | 124 | 35 | 143 | 75 |
| 长治市 | 2 | 253 | 142 | 203 | 132 | 22 | 114 | 94 |
| 晋中市 | 2 | 688 | 180 | 471 | 403 | 57 | 221 | 305 |
| 运城市 | 1 | 82 | 32 | 74 | 22 | 7 | 37 | 38 |
| 忻州市 | 1 | 217 | 93 | 184 | 63 | 17 | 70 | 129 |
| 临汾市 | 1 | 1091 | 479 | 972 | 239 | 185 | 476 | 399 |
| 吕梁市 | 1 | 2 | 2 | 2 | | | 2 | |

## 2-1-7 其他事业单位研究与试验发展(R&D)活动人员

| 项目 | 有R&D活动的单位数(个) | 研究与试验发展(R&D)人员(人) | #女性 | #研究人员 | #全时人员 | #博士毕业 | 硕士毕业 | 本科毕业 |
|---|---|---|---|---|---|---|---|---|
| **总计** | **44** | **2045** | **891** | **1093** | **581** | **70** | **361** | **289** |
| **一、按行业分组** | | | | | | | | |
| 农、林、牧、渔业 | 3 | 42 | 12 | 30 | 19 | 3 | 4 | 25 |
| 科学研究、技术服务和地质勘查业 | 12 | 281 | 67 | 132 | 76 | 18 | 41 | 161 |
| 水利、环境和公共设施管理业 | 4 | 139 | 10 | 14 | 27 | | | 5 |
| 卫生、社会保障和社会福利业 | 24 | 1577 | 798 | 911 | 456 | 49 | 316 | 98 |
| 文化、体育和娱乐业 | 1 | 6 | 4 | 6 | 3 | | | |
| **二、按地区分组** | | | | | | | | |
| 太原市 | 31 | 1412 | 680 | 879 | 498 | 65 | 319 | 216 |
| 大同市 | 3 | 73 | 25 | 21 | 28 | 1 | | 24 |
| 晋中市 | 4 | 183 | 42 | 15 | 25 | 2 | 7 | 14 |
| 忻州市 | 1 | 33 | 20 | 33 | 15 | 1 | 2 | 30 |
| 临汾市 | 3 | 60 | 23 | 27 | 12 | | | 4 |
| 吕梁市 | 2 | 284 | 101 | 118 | 3 | 1 | 33 | 1 |

## 2-1-8 内资企事业单位研究与试验发展(R&D)活动人员

| 项目 | 有R&D活动的单位数(个) | 研究与试验发展(R&D)人员(人) | #女性 | #全时人员 | #博士毕业 | 硕士毕业 | 本科毕业 |
|---|---|---|---|---|---|---|---|
| **总计** | **423** | **63817** | **15723** | **38232** | **2285** | **7479** | **16308** |
| **一、按行业分组** | | | | | | | |
| 农、林、牧、渔业 | 11 | 172 | 38 | 114 | 5 | 10 | 94 |
| 采矿业 | 29 | 22449 | 3795 | 13153 | 85 | 487 | 1436 |
| 制造业 | 208 | 16910 | 4335 | 11189 | 102 | 738 | 5768 |
| 电力、燃气及水的生产和供应业 | 5 | 274 | 44 | 33 | | 16 | 34 |
| 建筑业 | 28 | 3525 | 663 | 1967 | 2 | 35 | 710 |
| 信息传输、计算机服务和软件业 | 9 | 330 | 65 | 169 | 2 | 24 | 109 |
| 金融业 | 1 | 10 | | 8 | | | |
| 租赁和商务服务业 | 4 | 215 | 23 | 125 | 3 | 9 | 148 |
| 科学研究、技术服务和地质勘查业 | 74 | 6869 | 2115 | 5016 | 260 | 1059 | 3944 |
| 水利、环境和公共设施管理业 | 5 | 143 | 10 | 27 | | | 8 |
| 教育 | 21 | 10487 | 3498 | 5291 | 1692 | 4616 | 3673 |
| 卫生、社会保障和社会福利业 | 27 | 2427 | 1133 | 1137 | 134 | 485 | 384 |
| 文化、体育和娱乐业 | 1 | 6 | 4 | 3 | | | |
| **二、按地区分组** | | | | | | | |
| 太原市 | 185 | 29043 | 7436 | 16378 | 1781 | 5354 | 8713 |
| 大同市 | 15 | 8758 | 2949 | 7707 | 55 | 273 | 1238 |
| 阳泉市 | 22 | 3722 | 175 | 1507 | 11 | 34 | 214 |
| 长治市 | 47 | 7046 | 1110 | 3915 | 85 | 429 | 2069 |
| 晋城市 | 10 | 2682 | 547 | 1975 | 17 | 115 | 193 |
| 朔州市 | 5 | 156 | 18 | 81 | 2 | 14 | 79 |
| 晋中市 | 63 | 3660 | 814 | 2618 | 75 | 347 | 1117 |
| 运城市 | 26 | 3221 | 1045 | 1749 | 39 | 181 | 1063 |
| 忻州市 | 10 | 435 | 158 | 205 | 22 | 88 | 258 |
| 临汾市 | 26 | 3793 | 1139 | 1281 | 195 | 591 | 1030 |
| 吕梁市 | 14 | 1301 | 332 | 816 | 3 | 53 | 334 |

## 2-1-9 国有企事业单位研究与试验发展(R&D)活动人员

| 项目 | 有R&D活动的单位数(个) | 研究与试验发展(R&D)人员(人) | #女性 | #全时人员 | #博士毕业 | 硕士毕业 | 本科毕业 |
|---|---|---|---|---|---|---|---|
| **总计** | **158** | **23317** | **7655** | **13489** | **2084** | **6277** | **8941** |
| **一、按行业分组** | | | | | | | |
| 农、林、牧、渔业 | 3 | 42 | 12 | 19 | 3 | 4 | 25 |
| 采矿业 | 2 | 13 | | 5 | | 3 | 3 |
| 制造业 | 17 | 1758 | 519 | 1492 | 5 | 90 | 786 |
| 电力、燃气及水的生产和供应业 | 3 | 263 | 42 | 32 | | 16 | 32 |
| 建筑业 | 10 | 1266 | 333 | 414 | | 1 | 14 |
| 租赁和商务服务业 | 1 | 92 | 9 | 92 | | 3 | 89 |
| 科学研究、技术服务和地质勘查业 | 72 | 6851 | 2111 | 5000 | 252 | 1059 | 3939 |
| 水利、环境和公共设施管理业 | 4 | 139 | 10 | 27 | | | 5 |
| 教育 | 21 | 10487 | 3498 | 5291 | 1692 | 4616 | 3673 |
| 卫生、社会保障和社会福利业 | 24 | 2400 | 1117 | 1114 | 132 | 485 | 375 |
| 文化、体育和娱乐业 | 1 | 6 | 4 | 3 | | | |
| **二、按地区分组** | | | | | | | |
| 太原市 | 93 | 15607 | 5152 | 9546 | 1727 | 4865 | 5869 |
| 大同市 | 7 | 1019 | 344 | 718 | 41 | 213 | 551 |
| 阳泉市 | 1 | 8 | 1 | 3 | | | 3 |
| 长治市 | 17 | 808 | 246 | 468 | 23 | 146 | 468 |
| 晋城市 | 1 | 6 | 5 | 4 | | | |
| 朔州市 | 2 | 40 | 3 | 8 | | | 7 |
| 晋中市 | 15 | 2273 | 640 | 1585 | 67 | 322 | 939 |
| 运城市 | 5 | 915 | 284 | 602 | 17 | 116 | 364 |
| 忻州市 | 5 | 329 | 136 | 127 | 19 | 79 | 209 |
| 临汾市 | 8 | 1976 | 741 | 375 | 187 | 492 | 491 |
| 吕梁市 | 4 | 336 | 103 | 53 | 3 | 44 | 40 |

## 2-1-10 外商投资企事业单位研究与试验发展(R&D)活动人员

| 项目 | 有R&D活动的单位数(个) | 研究与试验发展(R&D)人员(人) | #女性 | #研究人员 | #全时人员 | #博士毕业 | 硕士毕业 | 本科毕业 |
|---|---|---|---|---|---|---|---|---|
| **总计** | **15** | **821** | **178** | **494** | **693** | **7** | **26** | **131** |
| **一、按行业分组** | | | | | | | | |
| 制造业 | 13 | 792 | 175 | 487 | 674 | 7 | 26 | 131 |
| 电力、燃气及水的生产和供应业 | 2 | 29 | 3 | 7 | 19 | | | |
| **二、按地区分组** | | | | | | | | |
| 太原市 | 5 | 270 | 56 | 76 | 233 | 3 | 15 | 37 |
| 大同市 | 2 | 197 | 37 | 230 | 197 | 3 | | 1 |
| 长治市 | 1 | 28 | 4 | 26 | 28 | | | |
| 晋城市 | 1 | 58 | 4 | 5 | 3 | | 8 | 43 |
| 朔州市 | 1 | 17 | 2 | 4 | 7 | | | |
| 晋中市 | 2 | 171 | 43 | 99 | 171 | | | |
| 运城市 | 1 | 22 | 4 | 18 | 5 | | 3 | 14 |
| 临汾市 | 2 | 58 | 28 | 36 | 49 | 1 | | 36 |

## 2-1-11 港澳台商企事业单位研究与试验发展(R&D)活动人员

| 项目 | 有R&D活动的单位数(个) | 研究与试验发展(R&D)人员(人) | #女性 | #研究人员 | #全时人员 | #博士毕业 | 硕士毕业 | 本科毕业 |
|---|---|---|---|---|---|---|---|---|
| **总计** | **5** | **509** | **150** | **240** | **445** | | **10** | **181** |
| **一、按行业分组** | | | | | | | | |
| 制造业 | 4 | 506 | 150 | 238 | 442 | | 10 | 178 |
| 电力、燃气及水的生产和供应业 | 1 | 3 | | 2 | 3 | | | 3 |
| **二、按地区分组** | | | | | | | | |
| 朔州市 | 1 | 3 | | 2 | 3 | | | 3 |
| 晋中市 | 3 | 446 | 137 | 199 | 382 | | 7 | 161 |
| 临汾市 | 1 | 60 | 13 | 39 | 60 | | 3 | 17 |

## 2-1-12 各地区按行业分企事业单位研究与试验发展(R&D)活动人员

| 地区 | 农、林、牧、渔业 | | | | | | |
|---|---|---|---|---|---|---|---|
| | 有R&D活动的单位数(个) | 研究与试验发展(R&D)人员(人) | #女性 | #全时人员 | #博士毕业 | 硕士毕业 | 本科毕业 |
| **总计** | **11** | **172** | **38** | **114** | **5** | **10** | **94** |
| **按地区分组** | | | | | | | |
| 太原市 | 3 | 51 | 7 | 9 | 3 | 4 | 17 |
| 大同市 | 1 | 10 | 7 | 10 | | | 8 |
| 阳泉市 | 1 | 2 | | | | | |
| 长治市 | 4 | 87 | 21 | 82 | 1 | 6 | 66 |
| 晋城市 | 1 | 16 | 2 | 8 | 1 | | 3 |
| 朔州市 | | | | | | | |
| 晋中市 | 1 | 6 | 1 | 5 | | | |
| 运城市 | | | | | | | |
| 忻州市 | | | | | | | |
| 临汾市 | | | | | | | |
| 吕梁市 | | | | | | | |

2-1-12　续表1

| 地　区 | 采矿业 | | | | | | |
|---|---|---|---|---|---|---|---|
| | 有R&D活动的单位数(个) | 研究与试验发展(R&D)人员(人) | #女性 | #全时人员 | #博士毕业 | 硕士毕业 | 本科毕业 |
| **总　计** | **29** | **22449** | **3795** | **13153** | **85** | **487** | **1436** |
| **按地区分组** | | | | | | | |
| 太原市 | 1 | 4279 | 292 | 837 | 6 | 86 | 120 |
| 大同市 | 1 | 7066 | 2435 | 6382 | 10 | 35 | 368 |
| 阳泉市 | 2 | 3293 | 114 | 1331 | 9 | 19 | 118 |
| 长治市 | 3 | 4307 | 351 | 2211 | 41 | 211 | 402 |
| 晋城市 | 2 | 2551 | 501 | 1910 | 15 | 108 | 164 |
| 朔州市 | 1 | 103 | 12 | 67 | 2 | 14 | 69 |
| 晋中市 | 13 | 270 | 28 | 140 | 2 | 10 | 62 |
| 运城市 | | | | | | | |
| 忻州市 | 1 | 5 | | 4 | | 3 | 3 |
| 临汾市 | 1 | 155 | 6 | | | | |
| 吕梁市 | 4 | 420 | 56 | 271 | | 1 | 130 |

2-1-12　续表2

| 地　区 | 制造业 | | | | | | |
|---|---|---|---|---|---|---|---|
| | 有R&D活动的单位数(个) | 研究与试验发展(R&D)人员(人) | #女性 | #全时人员 | #博士毕业 | 硕士毕业 | 本科毕业 |
| **总　计** | **225** | **18208** | **4660** | **12305** | **109** | **774** | **6077** |
| **按地区分组** | | | | | | | |
| 太原市 | 75 | 7607 | 1896 | 5083 | 37 | 359 | 1995 |
| 大同市 | 10 | 924 | 222 | 852 | 7 | 25 | 356 |
| 阳泉市 | 17 | 415 | 60 | 173 | 2 | 15 | 90 |
| 长治市 | 25 | 2250 | 552 | 1401 | 19 | 84 | 1405 |
| 晋城市 | 7 | 167 | 43 | 56 | 1 | 15 | 69 |
| 朔州市 | 1 | 7 | 2 | 6 | | | 3 |
| 晋中市 | 41 | 2187 | 506 | 1848 | 9 | 30 | 408 |
| 运城市 | 20 | 2814 | 929 | 1637 | 22 | 127 | 946 |
| 忻州市 | 5 | 106 | 22 | 78 | 3 | 9 | 49 |
| 临汾市 | 18 | 1186 | 255 | 679 | 9 | 102 | 592 |
| 吕梁市 | 6 | 545 | 173 | 492 | | 8 | 164 |

2-1-12　续表3

| 地　区 | 电力、燃气及水的生产和供应业 | | | | | | |
|---|---|---|---|---|---|---|---|
| | 有R&D活动的单位数(个) | 研究与试验发展(R&D)人员(人) | #女性 | #全时人员 | #博士毕业 | 硕士毕业 | 本科毕业 |
| **总　计** | **8** | **306** | **47** | **55** | | **16** | **37** |
| **按地区分组** | | | | | | | |
| 太原市 | 1 | 77 | 12 | 31 | | 16 | 27 |
| 大同市 | | | | | | | |
| 阳泉市 | | | | | | | |
| 长治市 | 1 | 5 | 1 | 1 | | | 2 |
| 晋城市 | | | | | | | |
| 朔州市 | 4 | 59 | 5 | 11 | | | 8 |
| 晋中市 | 1 | 12 | 1 | 12 | | | |
| 运城市 | 1 | 153 | 28 | | | | |
| 忻州市 | | | | | | | |
| 临汾市 | | | | | | | |
| 吕梁市 | | | | | | | |

2-1-12　续表4

| 地　区 | 建筑业 | | | | | | |
|---|---|---|---|---|---|---|---|
| | 有R&D活动的单位数(个) | 研究与试验发展(R&D)人员(人) | #女性 | #全时人员 | #博士毕业 | 硕士毕业 | 本科毕业 |
| **总　计** | **28** | **3525** | **663** | **1967** | **2** | **35** | **710** |
| **按地区分组** | | | | | | | |
| 太原市 | 20 | 2119 | 297 | 1528 | 2 | 35 | 700 |
| 大同市 | | | | | | | |
| 阳泉市 | | | | | | | |
| 长治市 | 1 | 5 | 1 | 5 | | | 2 |
| 晋城市 | | | | | | | |
| 朔州市 | | | | | | | |
| 晋中市 | 3 | 141 | 4 | 95 | | | 7 |
| 运城市 | 2 | 13 | 2 | 3 | | | 1 |
| 忻州市 | | | | | | | |
| 临汾市 | 2 | 1247 | 359 | 336 | | | |
| 吕梁市 | | | | | | | |

2-1-12 续表5

| 地 区 | 信息传输、计算机服务和软件业 | | | | | | |
|---|---|---|---|---|---|---|---|
| | 有R&D活动的单位数(个) | 研究与试验发展(R&D)人员(人) | #女性 | #全时人员 | #博士毕业 | 硕士毕业 | 本科毕业 |
| **总 计** | **9** | **330** | **65** | **169** | **2** | **24** | **109** |
| **按地区分组** | | | | | | | |
| 太原市 | 9 | 330 | 65 | 169 | 2 | 24 | 109 |
| 大同市 | | | | | | | |
| 阳泉市 | | | | | | | |
| 长治市 | | | | | | | |
| 晋城市 | | | | | | | |
| 朔州市 | | | | | | | |
| 晋中市 | | | | | | | |
| 运城市 | | | | | | | |
| 忻州市 | | | | | | | |
| 临汾市 | | | | | | | |
| 吕梁市 | | | | | | | |

2-1-12 续表6

| 地 区 | 金融业 | | | | | | |
|---|---|---|---|---|---|---|---|
| | 有R&D活动的单位数(个) | 研究与试验发展(R&D)人员(人) | #女性 | #全时人员 | #博士毕业 | 硕士毕业 | 本科毕业 |
| **总 计** | **1** | **10** | | **8** | | | |
| **按地区分组** | | | | | | | |
| 太原市 | 1 | 10 | | 8 | | | |
| 大同市 | | | | | | | |
| 阳泉市 | | | | | | | |
| 长治市 | | | | | | | |
| 晋城市 | | | | | | | |
| 朔州市 | | | | | | | |
| 晋中市 | | | | | | | |
| 运城市 | | | | | | | |
| 忻州市 | | | | | | | |
| 临汾市 | | | | | | | |
| 吕梁市 | | | | | | | |

2-1-12　续表7

| 地　区 | 租赁和商务服务业 | | | | | | |
|---|---|---|---|---|---|---|---|
| | 有R&D活动的单位数(个) | 研究与试验发展(R&D)人员(人) | #女性 | #全时人员 | #博士毕业 | 硕士毕业 | 本科毕业 |
| **总　计** | **4** | **215** | **23** | **125** | **3** | **9** | **148** |
| **按地区分组** | | | | | | | |
| 太原市 | 2 | 180 | 19 | 112 | 2 | 6 | 128 |
| 大同市 | | | | | | | |
| 阳泉市 | | | | | | | |
| 长治市 | 1 | 28 | 2 | 13 | 1 | 3 | 20 |
| 晋城市 | | | | | | | |
| 朔州市 | | | | | | | |
| 晋中市 | | | | | | | |
| 运城市 | | | | | | | |
| 忻州市 | | | | | | | |
| 临汾市 | 1 | 7 | 2 | | | | |
| 吕梁市 | | | | | | | |

2-1-12　续表8

| 地　区 | 科学研究、技术服务和地质勘查业 | | | | | | |
|---|---|---|---|---|---|---|---|
| | 有R&D活动的单位数(个) | 研究与试验发展(R&D)人员(人) | #女性 | #全时人员 | #博士毕业 | 硕士毕业 | 本科毕业 |
| **总　计** | **74** | **6869** | **2115** | **5016** | **260** | **1059** | **3944** |
| **按地区分组** | | | | | | | |
| 太原市 | 45 | 4779 | 1483 | 3417 | 233 | 843 | 2681 |
| 大同市 | 3 | 672 | 214 | 536 | 6 | 70 | 432 |
| 阳泉市 | 1 | 8 | 1 | 3 | | | 3 |
| 长治市 | 11 | 139 | 44 | 98 | 1 | 11 | 78 |
| 晋城市 | 1 | 6 | 5 | 4 | | | |
| 朔州市 | 1 | 7 | 1 | 7 | | | 2 |
| 晋中市 | 4 | 793 | 232 | 645 | 5 | 86 | 482 |
| 运城市 | 2 | 176 | 56 | 87 | 10 | 20 | 92 |
| 忻州市 | 2 | 74 | 23 | 45 | 1 | 4 | 47 |
| 临汾市 | 3 | 165 | 56 | 124 | 2 | 16 | 88 |
| 吕梁市 | 1 | 50 | | 50 | 2 | 9 | 39 |

2–1–12　续表9

| 地　区 | 水利、环境和公共设施管理业 | | | | | | |
|---|---|---|---|---|---|---|---|
| | 有R&D活动的单位数(个) | 研究与试验发展(R&D)人员(人) | #女性 | #全时人员 | #博士毕业 | 硕士毕业 | 本科毕业 |
| **总　计** | **5** | **143** | **10** | **27** | | | **8** |
| **按地区分组** | | | | | | | |
| 太原市 | 3 | 25 | 5 | 4 | | | |
| 大同市 | | | | | | | |
| 阳泉市 | 1 | 4 | | | | | 3 |
| 长治市 | | | | | | | |
| 晋城市 | | | | | | | |
| 朔州市 | | | | | | | |
| 晋中市 | 1 | 114 | 5 | 23 | | | 5 |
| 运城市 | | | | | | | |
| 忻州市 | | | | | | | |
| 临汾市 | | | | | | | |
| 吕梁市 | | | | | | | |

2–1–12　续表10

| 地　区 | 教育 | | | | | | |
|---|---|---|---|---|---|---|---|
| | 有R&D活动的单位数(个) | 研究与试验发展(R&D)人员(人) | #女性 | #全时人员 | #博士毕业 | 硕士毕业 | 本科毕业 |
| **总　计** | **21** | **10487** | **3498** | **5291** | **1692** | **4616** | **3673** |
| **按地区分组** | | | | | | | |
| 太原市 | 12 | 7901 | 2469 | 4308 | 1369 | 3553 | 2633 |
| 大同市 | 1 | 253 | 101 | 124 | 35 | 143 | 75 |
| 阳泉市 | | | | | | | |
| 长治市 | 2 | 253 | 142 | 132 | 22 | 114 | 94 |
| 晋城市 | | | | | | | |
| 朔州市 | | | | | | | |
| 晋中市 | 2 | 688 | 180 | 403 | 57 | 221 | 305 |
| 运城市 | 1 | 82 | 32 | 22 | 7 | 37 | 38 |
| 忻州市 | 1 | 217 | 93 | 63 | 17 | 70 | 129 |
| 临汾市 | 1 | 1091 | 479 | 239 | 185 | 476 | 399 |
| 吕梁市 | 1 | 2 | 2 | | | 2 | |

2-1-12　续表11

| 地　　区 | 卫生、社会保障和社会福利业 | | | | | | |
|---|---|---|---|---|---|---|---|
| | 有R&D活动的单位数(个) | 研究与试验发展(R&D)人员(人) | #女性 | #全时人员 | #博士毕业 | 硕士毕业 | 本科毕业 |
| **总　计** | **27** | **2427** | **1133** | **1137** | **134** | **485** | **384** |
| **按地区分组** | | | | | | | |
| 太原市 | 17 | 1949 | 943 | 1102 | 130 | 443 | 340 |
| 大同市 | 1 | 30 | 7 | | | | |
| 阳泉市 | | | | | | | |
| 长治市 | | | | | | | |
| 晋城市 | | | | | | | |
| 朔州市 | | | | | | | |
| 晋中市 | 2 | 66 | 37 | | 2 | 7 | 9 |
| 运城市 | 1 | 5 | 2 | 5 | | | |
| 忻州市 | 1 | 33 | 20 | 15 | 1 | 2 | 30 |
| 临汾市 | 3 | 60 | 23 | 12 | | | 4 |
| 吕梁市 | 2 | 284 | 101 | 3 | 1 | 33 | 1 |

2-1-12　续表12

| 地　　区 | 文化、体育和娱乐业 | | | | | | |
|---|---|---|---|---|---|---|---|
| | 有R&D活动的单位数(个) | 研究与试验发展(R&D)人员 | #女性 | #全时人员 | #博士毕业 | #硕士毕业 | #本科毕业 |
| **总　计** | **1** | **6** | **4** | **3** | | | |
| **按地区分组** | | | | | | | |
| 太原市 | 1 | 6 | 4 | 3 | | | |
| 大同市 | | | | | | | |
| 阳泉市 | | | | | | | |
| 长治市 | | | | | | | |
| 晋城市 | | | | | | | |
| 朔州市 | | | | | | | |
| 晋中市 | | | | | | | |
| 运城市 | | | | | | | |
| 忻州市 | | | | | | | |
| 临汾市 | | | | | | | |
| 吕梁市 | | | | | | | |

# 2-2-1 全省研究与试验发展(R&D)活动人员全时当量

单位：人年

| 项目 | R&D人员全时当量 | 基础研究人员 | 应用研究人员 | 试验发展人员 |
|---|---|---|---|---|
| **总计** | **47772** | **3029** | **8621** | **36124** |
| **一、按登记注册类型分组** | | | | |
| 内资企业 | 46641 | 3027 | 8621 | 34995 |
| 国有企业 | 15195 | 3014 | 6688 | 5496 |
| 集体企业 | 42 | | | 42 |
| 股份合作企业 | 29 | | 9 | 20 |
| 联营企业 | | | | |
| 有限责任公司 | 26632 | 13 | 1891 | 24727 |
| 股份有限公司 | 3423 | | 1 | 3422 |
| 私营企业 | 1301 | | 32 | 1269 |
| 其他内资企业 | 19 | | | 19 |
| 港、澳、台商投资企业 | 407 | | | 407 |
| 外商投资企业 | 724 | 2 | | 722 |
| **二、按隶属关系分组** | | | | |
| 中央 | 9390 | 279 | 1667 | 7445 |
| 地方 | 38382 | 2750 | 6954 | 28679 |
| **三、按行业分组** | | | | |
| 农、林、牧、渔业 | 97 | | 6 | 91 |
| 采矿业 | 17784 | | 1700 | 16082 |
| 制造业 | 14706 | 13 | 173 | 14520 |
| 电力、燃气及水的生产和供应业 | 213 | 2 | 14 | 198 |
| 建筑业 | 1666 | | 29 | 1638 |
| 信息传输、计算机服务和软件业 | 193 | | 5 | 188 |
| 金融业 | 2 | | | 2 |
| 租赁和商务服务业 | 146 | | | 146 |
| 科学研究、技术服务和地质勘查业 | 5560 | 330 | 2200 | 3030 |
| 水利、环境和公共设施管理业 | 88 | 16 | 64 | 8 |
| 教育 | 5804 | 2475 | 3165 | 164 |
| 卫生、社会保障和社会福利业 | 1511 | 193 | 1264 | 57 |
| 文化、体育和娱乐业 | 2 | | 2 | |
| **四、按地区分组** | | | | |
| 太原市 | 21153 | 2152 | 5540 | 13466 |
| 大同市 | 8362 | 135 | 1597 | 6629 |
| 阳泉市 | 1411 | | 362 | 1048 |
| 长治市 | 6047 | 78 | 61 | 5909 |
| 晋城市 | 1642 | | 6 | 1636 |
| 朔州市 | 147 | | | 147 |
| 晋中市 | 3301 | 222 | 517 | 2561 |
| 运城市 | 2906 | 23 | 14 | 2868 |
| 忻州市 | 295 | 74 | 21 | 200 |
| 临汾市 | 1609 | 316 | 247 | 1045 |
| 吕梁市 | 899 | 28 | 257 | 614 |

# 2-2-2 企业研究与试验发展(R&D)活动人员全时当量

单位：人年

| 项　　目 | R&D人员全时当量 | 基　础研究人员 | 应　用研究人员 | 试　验发展人员 |
|---|---|---|---|---|
| **总　　计** | **35322** | **15** | **2048** | **33259** |
| **一、按登记注册类型分组** | | | | |
| 内资企业 | 34191 | 13 | 2048 | 32130 |
| 国有企业 | 2778 | | 148 | 2631 |
| 集体企业 | 42 | | | 42 |
| 股份合作企业 | 20 | | | 20 |
| 有限责任公司 | 26632 | 13 | 1891 | 24727 |
| 股份有限公司 | 3423 | | 1 | 3422 |
| 私营企业 | 1277 | | 8 | 1269 |
| 其他内资企业 | 19 | | | 19 |
| 港、澳、台商投资企业 | 407 | | | 407 |
| 外商投资企业 | 724 | 2 | | 722 |
| **二、按隶属关系分组** | | | | |
| 中央 | 5908 | 15 | 143 | 5751 |
| 地方 | 29414 | | 1905 | 27508 |
| **三、按行业分组** | | | | |
| 农业 | 47 | | | 47 |
| 林业 | 11 | | | 11 |
| 畜牧业 | 19 | | | 19 |
| 农、林、牧、渔服务业 | | | | |
| 煤炭开采和洗选业 | 17784 | | 1700 | 16082 |
| 农副食品加工业 | 50 | | 3 | 47 |
| 食品制造业 | 45 | | 1 | 44 |
| 饮料制造业 | 342 | | 19 | 323 |
| 烟草制品业 | 44 | | 11 | 33 |
| 纺织业 | 46 | | | 46 |
| 纺织服装、鞋、帽制造业 | 12 | | | 12 |
| 印刷业和记录媒介的复制 | 8 | | | 8 |
| 文教体育用品制造业 | 106 | | | 106 |
| 石油加工、炼焦及核燃料加工业 | 607 | | | 607 |
| 化学原料及化学制品制造业 | 2347 | | | 2347 |
| 医药制造业 | 953 | | 10 | 943 |
| 化学纤维制造业 | | | | |
| 橡胶制品业 | 113 | | | 113 |
| 塑料制品业 | 1 | | | 1 |

2-2-2 续表

单位：人年

| 项 目 | R&D人员全时当量 | 基 础研究人员 | 应 用研究人员 | 试 验发展人员 |
|---|---|---|---|---|
| 非金属矿物制品业 | 576 | | | 576 |
| 黑色金属冶炼及压延加工业 | 3103 | | | 3103 |
| 有色金属冶炼及压延加工业 | 559 | | | 559 |
| 金属制品业 | 38 | | | 38 |
| 通用设备制造业 | 774 | | | 774 |
| 专用设备制造业 | 2655 | | 91 | 2564 |
| 交通运输设备制造业 | 745 | 13 | 38 | 694 |
| 电气机械及器材制造业 | 723 | | | 723 |
| 通信设备、计算机及其他电子设备制造业 | 360 | | | 360 |
| 仪器仪表及文化、办公用机械制造业 | 499 | | | 499 |
| 电力、热力的生产和供应业 | 213 | 2 | 14 | 198 |
| 房屋和土木工程建筑业 | 1651 | | 29 | 1623 |
| 建筑安装业 | 15 | | | 15 |
| 电信和其他信息传输服务业 | 67 | | | 67 |
| 计算机服务业 | 98 | | 5 | 93 |
| 软件业 | 28 | | | 28 |
| 保险业 | 2 | | | 2 |
| 商务服务业 | 146 | | | 146 |
| 研究与试验发展 | 471 | | 76 | 395 |
| 专业技术服务业 | 51 | | 51 | |
| 科技交流和推广服务业 | 6 | | | 6 |
| 公共设施管理业 | 2 | | | 2 |
| 卫生 | 5 | | | 5 |
| 四、按地区分组 | | | | |
| 太原市 | 12142 | | 270 | 11874 |
| 大同市 | 7608 | 13 | 1303 | 6292 |
| 阳泉市 | 1408 | | 362 | 1045 |
| 长治市 | 5802 | | | 5802 |
| 晋城市 | 1636 | | | 1636 |
| 朔州市 | 140 | | | 140 |
| 晋中市 | 2140 | 2 | 26 | 2112 |
| 运城市 | 2772 | | 4 | 2768 |
| 忻州市 | 110 | | | 110 |
| 临汾市 | 917 | | 8 | 909 |
| 吕梁市 | 647 | | 75 | 571 |

## 2-2-3 工业企业研究与试验发展(R&D)活动人员全时当量

单位：人年

| 项　目 | R&D人员全时当量 | 基　础研究人员 | 应　用研究人员 | 试　验发展人员 |
|---|---|---|---|---|
| **总　计** | **32703** | **15** | **1887** | **30800** |
| **一、按登记注册类型分组** | | | | |
| 内资企业 | 31572 | 13 | 1887 | 29671 |
| 国有企业 | 1723 | | 14 | 1710 |
| 集体企业 | 33 | | | 33 |
| 股份合作企业 | 14 | | | 14 |
| 有限责任公司 | 25351 | 13 | 1864 | 23472 |
| 股份有限公司 | 3287 | | 1 | 3286 |
| 私营企业 | 1164 | | 8 | 1156 |
| 港、澳、台商投资企业 | 407 | | | 407 |
| 外商投资企业 | 724 | 2 | | 722 |
| **二、按行业分组** | | | | |
| 煤炭开采和洗选业 | 17784 | | 1700 | 16082 |
| 农副食品加工业 | 50 | | 3 | 47 |
| 食品制造业 | 45 | | 1 | 44 |
| 饮料制造业 | 342 | | 19 | 323 |
| 烟草制品业 | 44 | | 11 | 33 |
| 纺织业 | 46 | | | 46 |
| 纺织服装、鞋、帽制造业 | 12 | | | 12 |
| 印刷业和记录媒介的复制 | 8 | | | 8 |
| 文教体育用品制造业 | 106 | | | 106 |
| 石油加工、炼焦及核燃料加工业 | 607 | | | 607 |
| 化学原料及化学制品制造业 | 2347 | | | 2347 |
| 医药制造业 | 953 | | 10 | 943 |
| 橡胶制品业 | 113 | | | 113 |
| 塑料制品业 | 1 | | | 1 |
| 非金属矿物制品业 | 576 | | | 576 |
| 黑色金属冶炼及压延加工业 | 3103 | | | 3103 |
| 有色金属冶炼及压延加工业 | 559 | | | 559 |
| 金属制品业 | 38 | | | 38 |
| 通用设备制造业 | 774 | | | 774 |
| 专用设备制造业 | 2655 | | 91 | 2564 |
| 交通运输设备制造业 | 745 | 13 | 38 | 694 |
| 电气机械及器材制造业 | 723 | | | 723 |
| 通信设备、计算机及其他电子设备制造业 | 360 | | | 360 |
| 仪器仪表及文化、办公用机械制造业 | 499 | | | 499 |
| 电力、热力的生产和供应业 | 213 | 2 | 14 | 198 |
| **三、按地区分组** | | | | |
| 太原市 | 9867 | | 117 | 9751 |
| 大同市 | 7608 | 13 | 1303 | 6292 |
| 阳泉市 | 1404 | | 362 | 1041 |
| 长治市 | 5706 | | | 5706 |
| 晋城市 | 1625 | | | 1625 |
| 朔州市 | 140 | | | 140 |
| 晋中市 | 2072 | 2 | 26 | 2044 |
| 运城市 | 2759 | | 4 | 2755 |
| 忻州市 | 110 | | | 110 |
| 临汾市 | 765 | | | 765 |
| 吕梁市 | 647 | | 75 | 571 |

# 2-2-4 非工业企业研究与试验发展(R&D)活动人员全时当量

单位：人年

| 项　　目 | R&D人员全时当量 | 基础研究人员 | 应用研究人员 | 试验发展人员 |
|---|---|---|---|---|
| **总　　计** | **2619** | | **161** | **2459** |
| **一、按登记注册类型分组** | | | | |
| 内资企业 | 2619 | | 161 | 2459 |
| 国有企业 | 1055 | | 134 | 921 |
| 集体企业 | 9 | | | 9 |
| 股份合作企业 | 6 | | | 6 |
| 有限责任公司 | 1281 | | 27 | 1255 |
| 股份有限公司 | 136 | | | 136 |
| 私营企业 | 113 | | | 113 |
| 其他内资企业 | 19 | | | 19 |
| **二、按行业分组** | | | | |
| 农业 | 47 | | | 47 |
| 林业 | 11 | | | 11 |
| 畜牧业 | 19 | | | 19 |
| 房屋和土木工程建筑业 | 1651 | | 29 | 1623 |
| 建筑安装业 | 15 | | | 15 |
| 电信和其他信息传输服务业 | 67 | | | 67 |
| 计算机服务业 | 98 | | 5 | 93 |
| 软件业 | 28 | | | 28 |
| 保险业 | 2 | | | 2 |
| 商务服务业 | 146 | | | 146 |
| 研究与试验发展 | 471 | | 76 | 395 |
| 专业技术服务业 | 51 | | 51 | |
| 科技交流和推广服务业 | 6 | | | 6 |
| 公共设施管理业 | 2 | | | 2 |
| 卫生 | 5 | | | 5 |
| **三、按地区分组** | | | | |
| 太原市 | 2275 | | 153 | 2123 |
| 阳泉市 | 4 | | | 4 |
| 长治市 | 96 | | | 96 |
| 晋城市 | 11 | | | 11 |
| 晋中市 | 68 | | | 68 |
| 运城市 | 13 | | | 13 |
| 临汾市 | 152 | | 8 | 144 |

## 2-2-5 政府属研究机构研究与试验发展(R&D)活动人员全时当量

单位：人年

| 项　目 | R&D人员全时当量 | 基　础研究人员 | 应　用研究人员 | 试　验发展人员 |
|---|---|---|---|---|
| **总　计** | **4888** | **330** | **1950** | **2608** |
| **一、按隶属关系分组** | | | | |
| 中央 | 3453 | 264 | 1495 | 1694 |
| 地方 | 1435 | 66 | 455 | 914 |
| **二、按行业分组** | | | | |
| 科学研究、技术服务和地质勘查业 | 4888 | 330 | 1950 | 2608 |
| 研究与试验发展 | 4888 | 330 | 1950 | 2608 |
| **三、按地区分组** | | | | |
| 太原市 | 3202 | 244 | 1549 | 1411 |
| 大同市 | 546 | 42 | 179 | 324 |
| 阳泉市 | 3 | | | 3 |
| 长治市 | 114 | | 18 | 96 |
| 晋城市 | 6 | | 6 | |
| 朔州市 | 7 | | | 7 |
| 晋中市 | 663 | 42 | 179 | 441 |
| 运城市 | 101 | 2 | | 99 |
| 忻州市 | 59 | | | 59 |
| 临汾市 | 137 | | 12 | 125 |
| 吕梁市 | 50 | 0 | 7 | 43 |

## 2-2-6 高等学校研究与试验发展(R&D)活动人员全时当量

单位：人年

| 项　目 | R&D人员全时当量 | 基　础研究人员 | 应　用研究人员 | 试　验发展人员 |
|---|---|---|---|---|
| **总　计** | **6367** | **2636** | **3567** | **164** |
| **一、按隶属关系分组** | | | | |
| 地方 | 6367 | 2636 | 3567 | 164 |
| **二、按行业分组** | | | | |
| 教育 | 5804 | 2475 | 3165 | 164 |
| 卫生、社会保障和社会福利业 | 563 | 161 | 403 | |
| **三、按地区分组** | | | | |
| 太原市 | 5039 | 1908 | 2996 | 135 |
| 大同市 | 146 | 80 | 63 | 3 |
| 长治市 | 131 | 78 | 43 | 11 |
| 晋中市 | 375 | 158 | 215 | 2 |
| 运城市 | 33 | 21 | 10 | 1 |
| 忻州市 | 95 | 74 | 21 | |
| 临汾市 | 547 | 316 | 219 | 11 |
| 吕梁市 | 7 | | 7 | |

## 2-2-7 其他事业单位研究与试验发展(R&D)活动人员全时当量

单位：人年

| 项　目 | R&D人员全时当量 | 基　础研究人员 | 应　用研究人员 | 试　验发展人员 |
|---|---|---|---|---|
| **总　计** | **1195** | **48** | **1056** | **93** |
| **一、按行业分组** | | | | |
| 农、林、牧、渔业 | 20 | | 6 | 14 |
| 科学研究、技术服务和地质勘查业 | 144 | | 123 | 21 |
| 水利、环境和公共设施管理业 | 86 | 16 | 64 | 6 |
| 卫生、社会保障和社会福利业 | 943 | 32 | 861 | 52 |
| 文化、体育和娱乐业 | 2 | | 2 | |
| **二、按地区分组** | | | | |
| 太原市 | 770 | | 725 | 46 |
| 大同市 | 62 | | 52 | 10 |
| 晋中市 | 123 | 20 | 97 | 6 |
| 忻州市 | 31 | | | 31 |
| 临汾市 | 8 | | 8 | |
| 吕梁市 | 201 | 28 | 174 | |

## 2-2-8 内资企事业单位研究与试验发展(R&D)活动人员全时当量

单位：人年

| 项　目 | R&D人员全时当量 | 基　础研究人员 | 应　用研究人员 | 试　验发展人员 |
|---|---|---|---|---|
| **总　计** | **46641** | **3027** | **8621** | **34995** |
| **一、按行业分组** | | | | |
| 农、林、牧、渔业 | 97 | | 6 | 91 |
| 采矿业 | 17784 | | 1700 | 16082 |
| 制造业 | 13590 | 13 | 173 | 13404 |
| 电力、燃气及水的生产和供应业 | 198 | | 14 | 185 |
| 建筑业 | 1666 | | 29 | 1638 |
| 信息传输、计算机服务和软件业 | 193 | | 5 | 188 |
| 金融业 | 2 | | | 2 |
| 租赁和商务服务业 | 146 | | | 146 |
| 科学研究、技术服务和地质勘查业 | 5560 | 330 | 2200 | 3030 |
| 水利、环境和公共设施管理业 | 88 | 16 | 64 | 8 |
| 教育 | 5804 | 2475 | 3165 | 164 |
| 卫生、社会保障和社会福利业 | 1511 | 193 | 1264 | 57 |
| 文化、体育和娱乐业 | 2 | | 2 | |
| **二、按地区分组** | | | | |
| 太原市 | 20907 | 2152 | 5540 | 13220 |
| 大同市 | 8165 | 135 | 1597 | 6432 |
| 阳泉市 | 1411 | | 362 | 1048 |
| 长治市 | 6022 | 78 | 61 | 5884 |
| 晋城市 | 1620 | | 6 | 1614 |
| 朔州市 | 136 | | | 136 |
| 晋中市 | 2736 | 220 | 517 | 1998 |
| 运城市 | 2898 | 23 | 14 | 2860 |
| 忻州市 | 295 | 74 | 21 | 200 |
| 临汾市 | 1552 | 316 | 247 | 988 |
| 吕梁市 | 899 | 28 | 257 | 614 |

## 2-2-9 国有企事业单位研究与试验发展(R&D)活动人员全时当量

单位：人年

| 项目 | R&D人员全时当量 | 基础研究人员 | 应用研究人员 | 试验发展人员 |
|---|---|---|---|---|
| **总计** | **15195** | **3014** | **6688** | **5496** |
| **一、按行业分组** | | | | |
| 农、林、牧、渔业 | 20 | | 6 | 14 |
| 采矿业 | 5 | | | 5 |
| 制造业 | 1526 | | | 1526 |
| 电力、燃气及水的生产和供应业 | 192 | | 14 | 179 |
| 建筑业 | 490 | | 7 | 483 |
| 租赁和商务服务业 | 43 | | | 43 |
| 科学研究、技术服务和地质勘查业 | 5543 | 330 | 2189 | 3024 |
| 水利、环境和公共设施管理业 | 86 | 16 | 64 | 6 |
| 教育 | 5804 | 2475 | 3165 | 164 |
| 卫生、社会保障和社会福利业 | 1484 | 193 | 1242 | 52 |
| 文化、体育和娱乐业 | 2 | | 2 | |
| **二、按地区分组** | | | | |
| 太原市 | 10220 | 2152 | 5378 | 2694 |
| 大同市 | 808 | 122 | 294 | 391 |
| 阳泉市 | 3 | | | 3 |
| 长治市 | 528 | 78 | 61 | 390 |
| 晋城市 | 6 | | 6 | |
| 朔州市 | 30 | | | 30 |
| 晋中市 | 1617 | 220 | 491 | 905 |
| 运城市 | 752 | 23 | 10 | 718 |
| 忻州市 | 189 | 74 | 21 | 94 |
| 临汾市 | 790 | 316 | 246 | 227 |
| 吕梁市 | 252 | 28 | 182 | 43 |

## 2-2-10 外商投资企事业单位研究与试验发展(R&D)活动人员全时当量

单位：人年

| 项目 | R&D人员全时当量 | 基础研究人员 | 应用研究人员 | 试验发展人员 |
|---|---|---|---|---|
| **总计** | **724** | **2** | | **722** |
| **一、按行业分组** | | | | |
| 制造业 | 710 | | | 710 |
| 电力、燃气及水的生产和供应业 | 14 | 2 | | 12 |
| **二、按地区分组** | | | | |
| 太原市 | 246 | | | 246 |
| 大同市 | 197 | | | 197 |
| 长治市 | 25 | | | 25 |
| 晋城市 | 22 | | | 22 |
| 朔州市 | 10 | | | 10 |
| 晋中市 | 163 | 2 | | 161 |
| 运城市 | 8 | | | 8 |
| 临汾市 | 53 | | | 53 |

## 2-2-11 港澳台商企事业单位研究与试验发展(R&D)活动人员全时当量

单位：人年

| 项目 | R&D人员全时当量 | 基础研究人员 | 应用研究人员 | 试验发展人员 |
|---|---|---|---|---|
| **总计** | **407** | | | **407** |
| **一、按行业分组** | | | | |
| 制造业 | 406 | | | 406 |
| 电力、燃气及水的生产和供应业 | 1 | | | 1 |
| **二、按地区分组** | | | | |
| 朔州市 | 1 | | | 1 |
| 晋中市 | 402 | | | 402 |
| 临汾市 | 4 | | | 4 |

## 2-2-12 各地区按行业分企事业单位研究与试验发展(R&D)活动人员全时当量

单位：人年

| 地区 | 农、林、牧、渔业 | | | |
|---|---|---|---|---|
| | R&D人员全时当量 | 基础研究人员 | 应用研究人员 | 试验发展人员 |
| **总计** | **97** | | **6** | **91** |
| **按地区分组** | | | | |
| 太原市 | 15 | | 6 | 9 |
| 大同市 | 10 | | | 10 |
| 阳泉市 | 2 | | | 2 |
| 长治市 | 57 | | | 57 |
| 晋城市 | 11 | | | 11 |
| 朔州市 | | | | |
| 晋中市 | 2 | | | 2 |
| 运城市 | | | | |
| 忻州市 | | | | |
| 临汾市 | | | | |
| 吕梁市 | | | | |

2-2-12　续表1

单位：人年

| 地　区 | 采矿业 | | | |
| --- | --- | --- | --- | --- |
| | R&D人员全时当量 | 基　础研究人员 | 应　用研究人员 | 试　验发展人员 |
| **总　计** | **17784** | | **1700** | **16082** |
| **按地区分组** | | | | |
| 太原市 | 3784 | | | 3784 |
| 大同市 | 6876 | | 1265 | 5611 |
| 阳泉市 | 1111 | | 362 | 748 |
| 长治市 | 3901 | | | 3901 |
| 晋城市 | 1523 | | | 1523 |
| 朔州市 | 95 | | | 95 |
| 晋中市 | 186 | | 17 | 169 |
| 运城市 | | | | |
| 忻州市 | 4 | | | 4 |
| 临汾市 | 154 | | | 154 |
| 吕梁市 | 150 | | 56 | 93 |

2-2-12　续表2

单位：人年

| 地　区 | 制造业 | | | |
| --- | --- | --- | --- | --- |
| | R&D人员全时当量 | 基　础研究人员 | 应　用研究人员 | 试　验发展人员 |
| **总　计** | **14706** | **13** | **173** | **14520** |
| **按地区分组** | | | | |
| 太原市 | 6028 | | 103 | 5925 |
| 大同市 | 732 | 13 | 38 | 681 |
| 阳泉市 | 293 | | | 293 |
| 长治市 | 1803 | | | 1803 |
| 晋城市 | 102 | | | 102 |
| 朔州市 | 7 | | | 7 |
| 晋中市 | 1882 | | 9 | 1873 |
| 运城市 | 2645 | | 4 | 2641 |
| 忻州市 | 106 | | | 106 |
| 临汾市 | 611 | | | 611 |
| 吕梁市 | 497 | | 19 | 478 |

2-2-12　续表3

单位：人年

| 地　　区 | 电力、燃气及水的生产和供应业 | | | |
|---|---|---|---|---|
| | R&D人员全时当量 | 基　　础研究人员 | 应　　用研究人员 | 试　　验发展人员 |
| **总　计** | **213** | **2** | **14** | **198** |
| **按地区分组** | | | | |
| 太原市 | 55 | | 14 | 42 |
| 大同市 | | | | |
| 阳泉市 | | | | |
| 长治市 | 2 | | | 2 |
| 晋城市 | | | | |
| 朔州市 | 38 | | | 38 |
| 晋中市 | 4 | 2 | | 2 |
| 运城市 | 114 | | | 114 |
| 忻州市 | | | | |
| 临汾市 | | | | |
| 吕梁市 | | | | |

2-2-12　续表4

单位：人年

| 地　　区 | 建筑业 | | | |
|---|---|---|---|---|
| | R&D人员全时当量 | 基　　础研究人员 | 应　　用研究人员 | 试　　验发展人员 |
| **总　计** | **1666** | | **29** | **1638** |
| **按地区分组** | | | | |
| 太原市 | 1441 | | 21 | 1421 |
| 大同市 | | | | |
| 阳泉市 | | | | |
| 长治市 | 5 | | | 5 |
| 晋城市 | | | | |
| 朔州市 | | | | |
| 晋中市 | 66 | | | 66 |
| 运城市 | 8 | | | 8 |
| 忻州市 | | | | |
| 临汾市 | 146 | | 8 | 138 |
| 吕梁市 | | | | |

2-2-12　续表5

单位：人年

| 地　区 | 信息传输、计算机服务和软件业 | | | |
|---|---|---|---|---|
| | R&D人员全时当量 | 基　础研究人员 | 应　用研究人员 | 试　验发展人员 |
| **总　计** | **193** | | **5** | **188** |
| **按地区分组** | | | | |
| 太原市 | 193 | | 5 | 188 |
| 大同市 | | | | |
| 阳泉市 | | | | |
| 长治市 | | | | |
| 晋城市 | | | | |
| 朔州市 | | | | |
| 晋中市 | | | | |
| 运城市 | | | | |
| 忻州市 | | | | |
| 临汾市 | | | | |
| 吕梁市 | | | | |

2-2-12　续表6

单位：人年

| 地　区 | 金融业 | | | |
|---|---|---|---|---|
| | R&D人员全时当量 | 基　础研究人员 | 应　用研究人员 | 试　验发展人员 |
| **总　计** | **2** | | | **2** |
| **按地区分组** | | | | |
| 太原市 | 2 | | | 2 |
| 大同市 | | | | |
| 阳泉市 | | | | |
| 长治市 | | | | |
| 晋城市 | | | | |
| 朔州市 | | | | |
| 晋中市 | | | | |
| 运城市 | | | | |
| 忻州市 | | | | |
| 临汾市 | | | | |
| 吕梁市 | | | | |

2-2-12　续表7

单位：人年

| 地　区 | 租赁和商务服务业 | | | |
| --- | --- | --- | --- | --- |
| | R&D人员全时当量 | 基　础研究人员 | 应　用研究人员 | 试　验发展人员 |
| **总　计** | **146** | | | **146** |
| **按地区分组** | | | | |
| 太原市 | 112 | | | 112 |
| 大同市 | | | | |
| 阳泉市 | | | | |
| 长治市 | 28 | | | 28 |
| 晋城市 | | | | |
| 朔州市 | | | | |
| 晋中市 | | | | |
| 运城市 | | | | |
| 忻州市 | | | | |
| 临汾市 | 6 | | | 6 |
| 吕梁市 | | | | |

2-2-12　续表8

单位：人年

| 地　区 | 科学研究、技术服务和地质勘查业 | | | |
| --- | --- | --- | --- | --- |
| | R&D人员全时当量 | 基　础研究人员 | 应　用研究人员 | 试　验发展人员 |
| **总　计** | **5560** | **330** | **2200** | **3030** |
| **按地区分组** | | | | |
| 太原市 | 3840 | 244 | 1771 | 1827 |
| 大同市 | 571 | 42 | 204 | 324 |
| 阳泉市 | 3 | | | 3 |
| 长治市 | 120 | | 18 | 102 |
| 晋城市 | 6 | | 6 | |
| 朔州市 | 7 | | | 7 |
| 晋中市 | 666 | 42 | 182 | 441 |
| 运城市 | 101 | 2 | | 99 |
| 忻州市 | 59 | | | 59 |
| 临汾市 | 137 | | 12 | 125 |
| 吕梁市 | 50 | | 7 | 43 |

2-2-12　续表9

单位：人年

| 地　　区 | 水利、环境和公共设施管理业 | | | |
|---|---|---|---|---|
| | R&D人员全时当量 | 基　础研究人员 | 应　用研究人员 | 试　验发展人员 |
| **总　计** | **88** | **16** | **64** | **8** |
| **按地区分组** | | | | |
| 太原市 | 4 | | 4 | |
| 大同市 | | | | |
| 阳泉市 | 2 | | | 2 |
| 长治市 | | | | |
| 晋城市 | | | | |
| 朔州市 | | | | |
| 晋中市 | 82 | 16 | 60 | 6 |
| 运城市 | | | | |
| 忻州市 | | | | |
| 临汾市 | | | | |
| 吕梁市 | | | | |

2-2-12　续表10

单位：人年

| 地　　区 | 教育 | | | |
|---|---|---|---|---|
| | R&D人员全时当量 | 基　础研究人员 | 应　用研究人员 | 试　验发展人员 |
| **总　计** | **5804** | **2475** | **3165** | **164** |
| **按地区分组** | | | | |
| 太原市 | 4476 | 1748 | 2593 | 135 |
| 大同市 | 146 | 80 | 63 | 3 |
| 阳泉市 | | | | |
| 长治市 | 131 | 78 | 43 | 11 |
| 晋城市 | | | | |
| 朔州市 | | | | |
| 晋中市 | 375 | 158 | 215 | 2 |
| 运城市 | 33 | 21 | 10 | 1 |
| 忻州市 | 95 | 74 | 21 | |
| 临汾市 | 547 | 316 | 219 | 11 |
| 吕梁市 | 1 | | 1 | |

2-2-12 续表11

单位：人年

| 地　　区 | 卫生、社会保障和社会福利业 | | | |
|---|---|---|---|---|
| | R&D人员全时当量 | 基　础研究人员 | 应　用研究人员 | 试　验发展人员 |
| **总　计** | **1511** | **193** | **1264** | **57** |
| **按地区分组** | | | | |
| 太原市 | 1201 | 161 | 1021 | 21 |
| 大同市 | 27 | | 27 | |
| 阳泉市 | | | | |
| 长治市 | | | | |
| 晋城市 | | | | |
| 朔州市 | | | | |
| 晋中市 | 38 | 4 | 34 | |
| 运城市 | 5 | | | 5 |
| 忻州市 | 31 | | | 31 |
| 临汾市 | 8 | | 8 | |
| 吕梁市 | 201 | 28 | 174 | |

2-2-12 续表12

单位：人年

| 地　　区 | 文化、体育和娱乐业 | | | |
|---|---|---|---|---|
| | R&D人员全时当量 | 基　础研究人员 | 应　用研究人员 | 试　验发展人员 |
| **总　计** | **2** | | **2** | |
| **按地区分组** | | | | |
| 太原市 | 2 | | 2 | |
| 大同市 | | | | |
| 阳泉市 | | | | |
| 长治市 | | | | |
| 晋城市 | | | | |
| 朔州市 | | | | |
| 晋中市 | | | | |
| 运城市 | | | | |
| 忻州市 | | | | |
| 临汾市 | | | | |
| 吕梁市 | | | | |

# 第三部分

# 研究与试验发展（R&D）活动经费情况

研究与试验发展(R&D)活动经费支出

研究与试验发展(R&D)活动经费内部支出及支出构成

研究与试验发展(R&D)活动经费内部支出及来源构成

# 3-1-1 全省研究与试验发展(R&D)活动经费支出

单位：万元

| 项目 | R&D经费内部支出 | 基础研究 | 应用研究 | 试验发展 | R&D经费外部支出 |
|---|---|---|---|---|---|
| **总计** | **808563** | **22951** | **128010** | **657602** | **49651** |
| **一、按登记注册类型分组** | | | | | |
| 内资企业 | 794926 | 22933 | 128010 | 643982 | 49539 |
| 国有企业 | 198067 | 22843 | 99778 | 75445 | 5184 |
| 集体企业 | 778 | | | 778 | 5 |
| 股份合作企业 | 169 | | 11 | 158 | |
| 有限责任公司 | 503345 | 90 | 27375 | 475880 | 35056 |
| 股份有限公司 | 64209 | | 146 | 64062 | 7910 |
| 私营企业 | 28325 | | 699 | 27626 | 1384 |
| 其他内资企业 | 34 | | | 34 | |
| 港、澳、台商投资企业 | 8218 | | | 8218 | 69 |
| 外商投资企业 | 5420 | 18 | | 5402 | 42 |
| **二、按隶属关系分组** | | | | | |
| 中央 | 235974 | 1947 | 59066 | 174960 | 11682 |
| 地方 | 572589 | 21004 | 68943 | 482641 | 37969 |
| **三、按行业分组** | | | | | |
| 农、林、牧、渔业 | 1870 | | 4 | 1867 | |
| 采矿业 | 157225 | | 14393 | 142832 | 30666 |
| 制造业 | 445355 | 90 | 12787 | 432478 | 13269 |
| 电力、燃气及水的生产和供应业 | 1353 | 18 | 154 | 1181 | 672 |
| 建筑业 | 34157 | | 652 | 33505 | 660 |
| 信息传输、计算机服务和软件业 | 1315 | | 28 | 1287 | 50 |
| 金融业 | 84 | | | 84 | 72 |
| 租赁和商务服务业 | 1884 | | | 1884 | 538 |
| 科学研究、技术服务和地质勘查业 | 101989 | 2151 | 60075 | 39762 | 2324 |
| 水利、环境和公共设施管理业 | 190 | 12 | 130 | 48 | |
| 教育 | 58156 | 20312 | 35524 | 2321 | 1396 |
| 卫生、社会保障和社会福利业 | 4971 | 368 | 4248 | 355 | 5 |
| 文化、体育和娱乐业 | 15 | | 15 | | |
| **四、按地区分组** | | | | | |
| 太原市 | 465727 | 19176 | 93432 | 353119 | 9382 |
| 大同市 | 52908 | 599 | 14472 | 37836 | 5582 |
| 阳泉市 | 30000 | | 5463 | 24537 | 2756 |
| 长治市 | 61528 | 128 | 177 | 61222 | 10758 |
| 晋城市 | 33544 | | 51 | 33493 | 9988 |
| 朔州市 | 9360 | | | 9360 | 3271 |
| 晋中市 | 58701 | 1564 | 9836 | 47300 | 527 |
| 运城市 | 38651 | 50 | 52 | 38550 | 1629 |
| 忻州市 | 2086 | 129 | 15 | 1942 | 9 |
| 临汾市 | 37928 | 1285 | 1536 | 35106 | 4382 |
| 吕梁市 | 18132 | 20 | 2975 | 15136 | 1368 |

## 3-1-2 企业研究与试验发展(R&D)活动经费支出

单位:万元

| 项　　目 | R&D经费内部支出 | 基础研究 | 应用研究 | 试验发展 | R&D经费外部支出 |
|---|---|---|---|---|---|
| **总　　计** | **649399** | **108** | **28239** | **621051** | **46181** |
| **一、按登记注册类型分组** | | | | | |
| 内资企业 | 635761 | 90 | 28239 | 607432 | 46070 |
| 国有企业 | 39366 | | 471 | 38894 | 1714 |
| 集体企业 | 778 | | | 778 | 5 |
| 股份合作企业 | 158 | | | 158 | |
| 有限责任公司 | 503345 | 90 | 27375 | 475880 | 35056 |
| 股份有限公司 | 64209 | | 146 | 64062 | 7910 |
| 私营企业 | 27873 | | 247 | 27626 | 1384 |
| 其他内资企业 | 34 | | | 34 | |
| 港、澳、台商投资企业 | 8218 | | | 8218 | 69 |
| 外商投资企业 | 5420 | 18 | | 5402 | 42 |
| **二、按隶属关系分组** | | | | | |
| 中央 | 150567 | 108 | 2576 | 147883 | 9844 |
| 地方 | 498832 | | 25663 | 473169 | 36336 |
| **三、按行业分组** | | | | | |
| 农业 | 989 | | | 989 | |
| 林业 | 333 | | | 333 | |
| 畜牧业 | 432 | | | 432 | |
| 煤炭开采和洗选业 | 157225 | | 14393 | 142832 | 30666 |
| 农副食品加工业 | 603 | | 114 | 489 | |
| 食品制造业 | 2113 | | 146 | 1966 | 525 |
| 饮料制造业 | 10864 | | 392 | 10473 | 152 |
| 烟草制品业 | 665 | | 144 | 521 | |
| 纺织业 | 1056 | | | 1056 | 12 |
| 纺织服装、鞋、帽制造业 | 350 | | | 350 | |
| 印刷业和记录媒介的复制 | 111 | | | 111 | |
| 文教体育用品制造业 | 514 | | | 514 | 20 |
| 石油加工、炼焦及核燃料加工业 | 27712 | | | 27712 | 2289 |
| 化学原料及化学制品制造业 | 38592 | | | 38592 | 1810 |
| 医药制造业 | 8104 | | 29 | 8075 | 828 |
| 橡胶制品业 | 3201 | | | 3201 | |
| 塑料制品业 | 50 | | | 50 | |
| 非金属矿物制品业 | 5769 | | | 5769 | 54 |

3-1-2 续表

单位:万元

| 项目 | R&D经费内部支出 | 基础研究 | 应用研究 | 试验发展 | R&D经费外部支出 |
|---|---|---|---|---|---|
| 黑色金属冶炼及压延加工业 | 178872 | | | 178872 | 1191 |
| 有色金属冶炼及压延加工业 | 7320 | | | 7320 | 557 |
| 金属制品业 | 987 | | | 987 | 45 |
| 通用设备制造业 | 13277 | | | 13277 | 177 |
| 专用设备制造业 | 93477 | | 10015 | 83462 | 2364 |
| 交通运输设备制造业 | 27134 | 90 | 1949 | 25096 | 2798 |
| 电气机械及器材制造业 | 13891 | | | 13891 | 241 |
| 通信设备、计算机及其他电子设备制造业 | 3919 | | | 3919 | 167 |
| 仪器仪表及文化、办公用机械制造业 | 6776 | | | 6776 | 40 |
| 电力、热力的生产和供应业 | 1353 | 18 | 154 | 1181 | 672 |
| 房屋和土木工程建筑业 | 34106 | | 652 | 33455 | 660 |
| 建筑安装业 | 50 | | | 50 | |
| 电信和其他信息传输服务业 | 302 | | | 302 | |
| 计算机服务业 | 539 | | 28 | 511 | 50 |
| 软件业 | 474 | | | 474 | |
| 保险业 | 84 | | | 84 | 72 |
| 商务服务业 | 1884 | | | 1884 | 538 |
| 研究与试验发展 | 5986 | | 25 | 5961 | 40 |
| 专业技术服务业 | 199 | | 199 | | 210 |
| 科技交流和推广服务业 | 28 | | | 28 | |
| 公共设施管理业 | 32 | | | 32 | |
| 卫生 | 27 | | | 27 | 5 |
| **四、按地区分组** | | | | | |
| 太原市 | 339398 | | 11058 | 328340 | 6464 |
| 大同市 | 41744 | 90 | 7866 | 33788 | 5342 |
| 阳泉市 | 29992 | | 5463 | 24529 | 2756 |
| 长治市 | 60310 | | | 60310 | 10758 |
| 晋城市 | 33493 | | | 33493 | 9988 |
| 朔州市 | 9329 | | | 9329 | 3271 |
| 晋中市 | 43378 | 18 | 629 | 42731 | 215 |
| 运城市 | 37369 | | 24 | 37345 | 1629 |
| 忻州市 | 1570 | | | 1570 | 9 |
| 临汾市 | 34849 | | 305 | 34544 | 4382 |
| 吕梁市 | 17968 | | 2894 | 15074 | 1368 |

## 3-1-3 工业企业研究与试验发展(R&D)活动经费支出

单位:万元

| 项目 | R&D经费内部支出 | 基础研究 | 应用研究 | 试验发展 | R&D经费外部支出 |
|---|---|---|---|---|---|
| **总计** | **603934** | **108** | **27335** | **576490** | **44606** |
| **一、按登记注册类型分组** | | | | | |
| 内资企业 | 590296 | 90 | 27335 | 562871 | 44495 |
| 国有企业 | 22005 | | 154 | 21851 | 935 |
| 集体企业 | 459 | | | 459 | 5 |
| 股份合作企业 | 130 | | | 130 | |
| 有限责任公司 | 478037 | 90 | 26788 | 451160 | 34393 |
| 股份有限公司 | 62562 | | 146 | 62415 | 7839 |
| 私营企业 | 27103 | | 247 | 26856 | 1324 |
| 其他内资企业 | | | | | |
| 港、澳、台商投资企业 | 8218 | | | 8218 | 69 |
| 外商投资企业 | 5420 | 18 | | 5402 | 42 |
| **二、按行业分组** | | | | | |
| 煤炭开采和洗选业 | 157225 | | 14393 | 142832 | 30666 |
| 农副食品加工业 | 603 | | 114 | 489 | |
| 食品制造业 | 2113 | | 146 | 1966 | 525 |
| 饮料制造业 | 10864 | | 392 | 10473 | 152 |
| 烟草制品业 | 665 | | 144 | 521 | |
| 纺织业 | 1056 | | | 1056 | 12 |
| 纺织服装、鞋、帽制造业 | 350 | | | 350 | |
| 印刷业和记录媒介的复制 | 111 | | | 111 | |
| 文教体育用品制造业 | 514 | | | 514 | 20 |
| 石油加工、炼焦及核燃料加工业 | 27712 | | | 27712 | 2289 |
| 化学原料及化学制品制造业 | 38592 | | | 38592 | 1810 |
| 医药制造业 | 8104 | | 29 | 8075 | 828 |
| 橡胶制品业 | 3201 | | | 3201 | |
| 塑料制品业 | 50 | | | 50 | |
| 非金属矿物制品业 | 5769 | | | 5769 | 54 |
| 黑色金属冶炼及压延加工业 | 178872 | | | 178872 | 1191 |
| 有色金属冶炼及压延加工业 | 7320 | | | 7320 | 557 |
| 金属制品业 | 987 | | | 987 | 45 |
| 通用设备制造业 | 13277 | | | 13277 | 177 |
| 专用设备制造业 | 93477 | | 10015 | 83462 | 2364 |
| 交通运输设备制造业 | 27134 | 90 | 1949 | 25096 | 2798 |
| 电气机械及器材制造业 | 13891 | | | 13891 | 241 |
| 通信设备、计算机及其他电子设备制造业 | 3919 | | | 3919 | 167 |
| 仪器仪表及文化、办公用机械制造业 | 6776 | | | 6776 | 40 |
| 电力、热力的生产和供应业 | 1353 | 18 | 154 | 1181 | 672 |
| **三、按地区分组** | | | | | |
| 太原市 | 304389 | | 10459 | 293930 | 5218 |
| 大同市 | 41744 | 90 | 7866 | 33788 | 5342 |
| 阳泉市 | 29695 | | 5463 | 24232 | 2756 |
| 长治市 | 59242 | | | 59242 | 10755 |
| 晋城市 | 33160 | | | 33160 | 9988 |
| 朔州市 | 9329 | | | 9329 | 3271 |
| 晋中市 | 36941 | 18 | 629 | 36294 | 215 |
| 运城市 | 37313 | | 24 | 37289 | 1624 |
| 忻州市 | 1570 | | | 1570 | 9 |
| 临汾市 | 32585 | | | 32585 | 4062 |
| 吕梁市 | 17968 | | 2894 | 15074 | 1368 |

# 3-1-4 非工业企业研究与试验发展(R&D)活动经费支出

单位:万元

| 项目 | R&D经费内部支出 | 基础研究 | 应用研究 | 试验发展 | R&D经费外部支出 |
|---|---|---|---|---|---|
| **总计** | **45465** | | **904** | **44561** | **1574** |
| **一、按登记注册类型分组** | | | | | |
| 内资企业 | 45465 | | 904 | 44561 | 1574 |
| 国有企业 | 17360 | | 317 | 17043 | 779 |
| 集体企业 | 319 | | | 319 | |
| 股份合作企业 | 28 | | | 28 | |
| 有限责任公司 | 25308 | | 587 | 24721 | 664 |
| 股份有限公司 | 1647 | | | 1647 | 72 |
| 私营企业 | 771 | | | 771 | 60 |
| 其他内资企业 | 34 | | | 34 | |
| **二、按行业分组** | | | | | |
| 农业 | 989 | | | 989 | |
| 林业 | 333 | | | 333 | |
| 畜牧业 | 432 | | | 432 | |
| 房屋和土木工程建筑业 | 34106 | | 652 | 33455 | 660 |
| 建筑安装业 | 50 | | | 50 | |
| 电信和其他信息传输服务业 | 302 | | | 302 | |
| 计算机服务业 | 539 | | 28 | 511 | 50 |
| 软件业 | 474 | | | 474 | |
| 保险业 | 84 | | | 84 | 72 |
| 商务服务业 | 1884 | | | 1884 | 538 |
| 研究与试验发展 | 5986 | | 25 | 5961 | 40 |
| 专业技术服务业 | 199 | | 199 | | 210 |
| 科技交流和推广服务业 | 28 | | | 28 | |
| 公共设施管理业 | 32 | | | 32 | |
| 卫生 | 27 | | | 27 | 5 |
| **三、按地区分组** | | | | | |
| 太原市 | 35010 | | 599 | 34410 | 1246 |
| 阳泉市 | 297 | | | 297 | |
| 长治市 | 1069 | | | 1069 | 4 |
| 晋城市 | 333 | | | 333 | |
| 晋中市 | 6437 | | | 6437 | |
| 运城市 | 56 | | | 56 | 5 |
| 临汾市 | 2265 | | 305 | 1960 | 320 |

## 3-1-5 政府属研究机构研究与试验发展(R&D)活动经费支出

单位:万元

| 项目 | R&D经费内部支出 | 基础研究 | 应用研究 | 试验发展 | R&D经费外部支出 |
|---|---|---|---|---|---|
| **总计** | **94114** | **2151** | **58316** | **33646** | **1933** |
| **一、按机构隶属关系分组** | | | | | |
| 中央 | 84804 | 1838 | 55887 | 27078 | 1797 |
| 地方 | 9310 | 313 | 2429 | 6568 | 136 |
| **二、按行业分组** | | | | | |
| 科学研究、技术服务和地质勘查业 | 94114 | 2151 | 58316 | 33646 | 1933 |
| 研究与试验发展 | 94114 | 2151 | 58316 | 33646 | 1933 |
| **三、按地区分组** | | | | | |
| 太原市 | 69711 | 1581 | 46015 | 22117 | 1446 |
| 大同市 | 10325 | 279 | 6028 | 4017 | 222 |
| 阳泉市 | 8 | | | 8 | |
| 长治市 | 980 | | 94 | 887 | |
| 晋城市 | 51 | | 51 | | |
| 朔州市 | 31 | | | 31 | |
| 晋中市 | 10857 | 279 | 6028 | 4549 | 265 |
| 运城市 | 1216 | 13 | | 1203 | |
| 忻州市 | 249 | | | 249 | |
| 临汾市 | 586 | | 62 | 523 | |
| 吕梁市 | 101 | | 38 | 63 | |

## 3-1-6 高等学校研究与试验发展(R&D)活动经费支出

单位:万元

| 项目 | R&D经费内部支出 | 基础研究 | 应用研究 | 试验发展 | R&D经费外部支出 |
|---|---|---|---|---|---|
| **总计** | **59483** | **20631** | **36375** | **2477** | **1396** |
| **一、按隶属关系分组** | | | | | |
| 中央 | | | | | |
| 地方 | 59483 | 20631 | 36375 | 2477 | 1396 |
| **二、按行业分组** | | | | | |
| 教育 | 58156 | 20312 | 35524 | 2321 | 1396 |
| 卫生、社会保障和社会福利业 | 1327 | 320 | 851 | 156 | |
| **三、按地区分组** | | | | | |
| 太原市 | 52139 | 17596 | 32143 | 2401 | 1331 |
| 大同市 | 405 | 230 | 168 | 7 | 18 |
| 长治市 | 238 | 128 | 84 | 26 | |
| 晋中市 | 4209 | 1238 | 2967 | 4 | 48 |
| 运城市 | 67 | 37 | 28 | 2 | |
| 忻州市 | 144 | 129 | 15 | | |
| 临汾市 | 2282 | 1273 | 970 | 39 | |
| 吕梁市 | 1 | | 1 | | |

## 3-1-7 其他事业单位研究与试验发展(R&D)活动经费支出

单位:万元

| 项目 | R&D经费内部支出 | 基础研究 | 应用研究 | 试验发展 | R&D经费外部支出 |
|---|---|---|---|---|---|
| **总计** | **5568** | **60** | **5080** | **428** | **141** |
| **一、按行业分组** | | | | | |
| 农、林、牧、渔业 | 116 | | 4 | 112 | |
| 科学研究、技术服务和地质勘查业 | 1662 | | 1535 | 127 | 141 |
| 水利、环境和公共设施管理业 | 158 | 12 | 130 | 16 | |
| 卫生、社会保障和社会福利业 | 3618 | 49 | 3397 | 172 | |
| 文化、体育和娱乐业 | 15 | | 15 | | |
| **二、按地区分组** | | | | | |
| 太原市 | 4478 | | 4217 | 262 | 141 |
| 大同市 | 435 | | 410 | 25 | |
| 晋中市 | 256 | 28 | 212 | 16 | |
| 忻州市 | 124 | | | 124 | |
| 临汾市 | 211 | 12 | 200 | | |
| 吕梁市 | 62 | 20 | 42 | | |

## 3-1-8 内资企事业单位研究与试验发展(R&D)活动经费支出

单位:万元

| 项目 | R&D经费内部支出 | 基础研究 | 应用研究 | 试验发展 | R&D经费外部支出 |
|---|---|---|---|---|---|
| **总计** | **794926** | **22933** | **128010** | **643982** | **49539** |
| **一、按行业分组** | | | | | |
| 农、林、牧、渔业 | 1870 | | 4 | 1867 | |
| 采矿业 | 157225 | | 14393 | 142832 | 30666 |
| 制造业 | 431828 | 90 | 12787 | 418951 | 13199 |
| 电力、燃气及水的生产和供应业 | 1243 | | 154 | 1088 | 630 |
| 建筑业 | 34157 | | 652 | 33505 | 660 |
| 信息传输、计算机服务和软件业 | 1315 | | 28 | 1287 | 50 |
| 金融业 | 84 | | | 84 | 72 |
| 租赁和商务服务业 | 1884 | | | 1884 | 538 |
| 科学研究、技术服务和地质勘查业 | 101989 | 2151 | 60075 | 39762 | 2324 |
| 水利、环境和公共设施管理业 | 190 | 12 | 130 | 48 | |
| 教育 | 58156 | 20312 | 35524 | 2321 | 1396 |
| 卫生、社会保障和社会福利业 | 4971 | 368 | 4248 | 355 | 5 |
| 文化、体育和娱乐业 | 15 | | 15 | | |
| **二、按地区分组** | | | | | |
| 太原市 | 462312 | 19176 | 93432 | 349704 | 9382 |
| 大同市 | 52703 | 599 | 14472 | 37631 | 5582 |
| 阳泉市 | 30000 | | 5463 | 24537 | 2756 |
| 长治市 | 61079 | 128 | 177 | 60773 | 10758 |
| 晋城市 | 33388 | | 51 | 33338 | 9988 |
| 朔州市 | 9273 | | | 9273 | 3233 |
| 晋中市 | 50332 | 1545 | 9836 | 38950 | 495 |
| 运城市 | 38524 | 50 | 52 | 38423 | 1629 |
| 忻州市 | 2086 | 129 | 15 | 1942 | 9 |
| 临汾市 | 37098 | 1285 | 1536 | 34277 | 4341 |
| 吕梁市 | 18132 | 20 | 2975 | 15136 | 1368 |

## 3-1-9 国有企事业单位研究与试验发展(R&D)活动经费支出

单位:万元

| 项　　目 | R&D经费内部支出 | 基础研究 | 应用研究 | 试验发展 | R&D经费外部支出 |
|---|---|---|---|---|---|
| **总　　计** | **198067** | **22843** | **99778** | **75445** | **5184** |
| **一、按行业分组** | | | | | |
| 农、林、牧、渔业 | 116 | | 4 | 112 | |
| 采矿业 | 53 | | | 53 | |
| 制造业 | 20919 | | | 20919 | 306 |
| 电力、燃气及水的生产和供应业 | 1034 | | 154 | 879 | 630 |
| 建筑业 | 9580 | | 93 | 9487 | |
| 租赁和商务服务业 | 1595 | | | 1595 | 529 |
| 科学研究、技术服务和地质勘查业 | 101531 | 2151 | 59645 | 39734 | 2324 |
| 水利、环境和公共设施管理业 | 158 | 12 | 130 | 16 | |
| 教育 | 58156 | 20312 | 35524 | 2321 | 1396 |
| 卫生、社会保障和社会福利业 | 4911 | 368 | 4215 | 328 | |
| 文化、体育和娱乐业 | 15 | | 15 | | |
| **二、按地区分组** | | | | | |
| 太原市 | 141136 | 19176 | 82290 | 39672 | 4302 |
| 大同市 | 11176 | 509 | 6606 | 4060 | 240 |
| 阳泉市 | 8 | | | 8 | |
| 长治市 | 4789 | 128 | 177 | 4484 | |
| 晋城市 | 51 | | 51 | | |
| 朔州市 | 81 | | | 81 | 50 |
| 晋中市 | 24088 | 1545 | 9207 | 13334 | 392 |
| 运城市 | 12870 | 50 | 28 | 12792 | 201 |
| 忻州市 | 520 | 129 | 15 | 376 | |
| 临汾市 | 3185 | 1285 | 1324 | 576 | |
| 吕梁市 | 164 | 20 | 81 | 63 | |

## 3-1-10 外商投资企事业单位研究与试验发展(R&D)活动经费支出

单位:万元

| 项　　目 | R&D经费内部支出 | 基础研究 | 应用研究 | 试验发展 | R&D经费外部支出 |
|---|---|---|---|---|---|
| **总　　计** | **5420** | **18** | | **5402** | **42** |
| **一、按行业分组** | | | | | |
| 制造业 | 5351 | | | 5351 | |
| 电力、燃气及水的生产和供应业 | 69 | 18 | | 51 | 42 |
| **二、按地区分组** | | | | | |
| 太原市 | 3415 | | | 3415 | |
| 大同市 | 205 | | | 205 | |
| 长治市 | 449 | | | 449 | |
| 晋城市 | 155 | | | 155 | |
| 朔州市 | 46 | | | 46 | 38 |
| 晋中市 | 543 | 18 | | 525 | 4 |
| 运城市 | 127 | | | 127 | |
| 临汾市 | 479 | | | 479 | |

## 3-1-11 港澳台商企事业单位研究与试验发展(R&D)活动经费支出

单位:万元

| 项　　目 | R&D经费内部支出 | 基础研究 | 应用研究 | 试验发展 | R&D经费外部支出 |
|---|---|---|---|---|---|
| **总　计** | **8218** | | | **8218** | **69** |
| **一、按行业分组** | | | | | |
| 制造业 | 8176 | | | 8176 | 69 |
| 电力、燃气及水的生产和供应业 | 42 | | | 42 | |
| **二、按地区分组** | | | | | |
| 朔州市 | 42 | | | 42 | |
| 晋中市 | 7825 | | | 7825 | 29 |
| 临汾市 | 351 | | | 351 | 41 |

## 3-1-12 各地区按行业分企事业单位研究与试验发展(R&D)活动经费支出

单位:万元

| 地　　区 | 农、林、牧、渔业 | | | | |
|---|---|---|---|---|---|
| | R&D经费内部支出 | 基础研究 | 应用研究 | 试验发展 | R&D经费外部支出 |
| **总　计** | **1870** | | **4** | **1867** | |
| **按地区分组** | | | | | |
| 太原市 | 233 | | 4 | 230 | |
| 大同市 | 25 | | | 25 | |
| 阳泉市 | 265 | | | 265 | |
| 长治市 | 844 | | | 844 | |
| 晋城市 | 333 | | | 333 | |
| 朔州市 | | | | | |
| 晋中市 | 170 | | | 170 | |
| 运城市 | | | | | |
| 忻州市 | | | | | |
| 临汾市 | | | | | |
| 吕梁市 | | | | | |

3-1-12 续表1

单位:万元

| 地 区 | 采矿业 | | | | |
|---|---|---|---|---|---|
| | R&D经费内部支出 | 基础研究 | 应用研究 | 试验发展 | R&D经费外部支出 |
| **总 计** | **157225** | | **14393** | **142832** | **30666** |
| **按地区分组** | | | | | |
| 太原市 | 17043 | | | 17043 | 1070 |
| 大同市 | 35811 | | 5917 | 29893 | 3431 |
| 阳泉市 | 20170 | | 5463 | 14707 | 2674 |
| 长治市 | 31753 | | | 31753 | 10014 |
| 晋城市 | 29757 | | | 29757 | 9872 |
| 朔州市 | 8797 | | | 8797 | 3182 |
| 晋中市 | 7867 | | 511 | 7356 | 90 |
| 运城市 | | | | | |
| 忻州市 | 3 | | | 3 | |
| 临汾市 | 402 | | | 402 | 16 |
| 吕梁市 | 5624 | | 2502 | 3122 | 317 |

3-1-12 续表2

单位:万元

| 地 区 | 制造业 | | | | |
|---|---|---|---|---|---|
| | R&D经费内部支出 | 基础研究 | 应用研究 | 试验发展 | R&D经费外部支出 |
| **总 计** | **445355** | **90** | **12787** | **432478** | **13269** |
| **按地区分组** | | | | | |
| 太原市 | 286427 | | 10305 | 276122 | 3568 |
| 大同市 | 5933 | 90 | 1949 | 3895 | 1911 |
| 阳泉市 | 9525 | | | 9525 | 82 |
| 长治市 | 27288 | | | 27288 | 741 |
| 晋城市 | 3403 | | | 3403 | 116 |
| 朔州市 | 386 | | | 386 | |
| 晋中市 | 29051 | | 118 | 28933 | 121 |
| 运城市 | 37249 | | 24 | 37225 | 1624 |
| 忻州市 | 1567 | | | 1567 | 9 |
| 临汾市 | 32183 | | | 32183 | 4046 |
| 吕梁市 | 12344 | | 392 | 11952 | 1051 |

3-1-12　续表3

单位:万元

| 地　区 | 电力、燃气及水的生产和供应业 | | | | |
|---|---|---|---|---|---|
| | R&D经费内部支出 | 基础研究 | 应用研究 | 试验发展 | R&D经费外部支出 |
| **总　计** | **1353** | **18** | **154** | **1181** | **672** |
| **按地区分组** | | | | | |
| 太原市 | 919 | | 154 | 765 | 580 |
| 大同市 | | | | | |
| 阳泉市 | | | | | |
| 长治市 | 201 | | | 201 | |
| 晋城市 | | | | | |
| 朔州市 | 146 | | | 146 | 88 |
| 晋中市 | 23 | 18 | | 5 | 4 |
| 运城市 | 64 | | | 64 | |
| 忻州市 | | | | | |
| 临汾市 | | | | | |
| 吕梁市 | | | | | |

3-1-12　续表4

单位:万元

| 地　区 | 建筑业 | | | | |
|---|---|---|---|---|---|
| | R&D经费内部支出 | 基础研究 | 应用研究 | 试验发展 | R&D经费外部支出 |
| **总　计** | **34157** | | **652** | **33505** | **660** |
| **按地区分组** | | | | | |
| 太原市 | 25579 | | 347 | 25232 | 340 |
| 大同市 | | | | | |
| 阳泉市 | | | | | |
| 长治市 | 19 | | | 19 | |
| 晋城市 | | | | | |
| 朔州市 | | | | | |
| 晋中市 | 6267 | | | 6267 | |
| 运城市 | 29 | | | 29 | |
| 忻州市 | | | | | |
| 临汾市 | 2262 | | 305 | 1957 | 320 |
| 吕梁市 | | | | | |

3-1-12 续表5

单位:万元

| 地 区 | 信息传输、计算机服务和软件业 | | | | |
|---|---|---|---|---|---|
| | R&D经费内部支出 | 基础研究 | 应用研究 | 试验发展 | R&D经费外部支出 |
| **总 计** | **1315** | | **28** | **1287** | **50** |
| **按地区分组** | | | | | |
| 太原市 | 1315 | | 28 | 1287 | 50 |
| 大同市 | | | | | |
| 阳泉市 | | | | | |
| 长治市 | | | | | |
| 晋城市 | | | | | |
| 朔州市 | | | | | |
| 晋中市 | | | | | |
| 运城市 | | | | | |
| 忻州市 | | | | | |
| 临汾市 | | | | | |
| 吕梁市 | | | | | |

3-1-12 续表6

单位:万元

| 地 区 | 金融业 | | | | |
|---|---|---|---|---|---|
| | R&D经费内部支出 | 基础研究 | 应用研究 | 试验发展 | R&D经费外部支出 |
| **总 计** | **84** | | | **84** | **72** |
| **按地区分组** | | | | | |
| 太原市 | 84 | | | 84 | 72 |
| 大同市 | | | | | |
| 阳泉市 | | | | | |
| 长治市 | | | | | |
| 晋城市 | | | | | |
| 朔州市 | | | | | |
| 晋中市 | | | | | |
| 运城市 | | | | | |
| 忻州市 | | | | | |
| 临汾市 | | | | | |
| 吕梁市 | | | | | |

3-1-12 续表7

单位:万元

| 地 区 | 租赁和商务服务业 | | | | |
|---|---|---|---|---|---|
| | R&D经费内部支出 | 基础研究 | 应用研究 | 试验发展 | R&D经费外部支出 |
| **总 计** | **1884** | | | **1884** | **538** |
| **按地区分组** | | | | | |
| 太原市 | 1704 | | | 1704 | 534 |
| 大同市 | | | | | |
| 阳泉市 | | | | | |
| 长治市 | 177 | | | 177 | 4 |
| 晋城市 | | | | | |
| 朔州市 | | | | | |
| 晋中市 | | | | | |
| 运城市 | | | | | |
| 忻州市 | | | | | |
| 临汾市 | 3 | | | 3 | |
| 吕梁市 | | | | | |

3-1-12 续表8

单位:万元

| 地 区 | 科学研究、技术服务和地质勘查业 | | | | |
|---|---|---|---|---|---|
| | R&D经费内部支出 | 基础研究 | 应用研究 | 试验发展 | R&D经费外部支出 |
| **总 计** | **101989** | **2151** | **60075** | **39762** | **2324** |
| **按地区分组** | | | | | |
| 太原市 | 77341 | 1581 | 47557 | 28205 | 1837 |
| 大同市 | 10535 | 279 | 6238 | 4017 | 222 |
| 阳泉市 | 8 | | | 8 | |
| 长治市 | 1008 | | 94 | 915 | |
| 晋城市 | 51 | | 51 | | |
| 朔州市 | 31 | | | 31 | |
| 晋中市 | 10865 | 279 | 6036 | 4549 | 265 |
| 运城市 | 1216 | 13 | | 1203 | |
| 忻州市 | 249 | | | 249 | |
| 临汾市 | 586 | | 62 | 523 | |
| 吕梁市 | 101 | | 38 | 63 | |

3-1-12 续表9

单位:万元

| 地 区 | 水利、环境和公共设施管理业 | | | | |
|---|---|---|---|---|---|
| | R&D经费内部支出 | 基础研究 | 应用研究 | 试验发展 | R&D经费外部支出 |
| **总 计** | **190** | **12** | **130** | **48** | |
| **按地区分组** | | | | | |
| 太原市 | 78 | | 78 | | |
| 大同市 | | | | | |
| 阳泉市 | 32 | | | 32 | |
| 长治市 | | | | | |
| 晋城市 | | | | | |
| 朔州市 | | | | | |
| 晋中市 | 81 | 12 | 53 | 16 | |
| 运城市 | | | | | |
| 忻州市 | | | | | |
| 临汾市 | | | | | |
| 吕梁市 | | | | | |

3-1-12 续表10

单位:万元

| 地 区 | 教育 | | | | |
|---|---|---|---|---|---|
| | R&D经费内部支出 | 基础研究 | 应用研究 | 试验发展 | R&D经费外部支出 |
| **总 计** | **58156** | **20312** | **35524** | **2321** | **1396** |
| **按地区分组** | | | | | |
| 太原市 | 50812 | 17276 | 31291 | 2244 | 1331 |
| 大同市 | 405 | 230 | 168 | 7 | 18 |
| 阳泉市 | | | | | |
| 长治市 | 238 | 128 | 84 | 26 | |
| 晋城市 | | | | | |
| 朔州市 | | | | | |
| 晋中市 | 4209 | 1238 | 2967 | 4 | 48 |
| 运城市 | 67 | 37 | 28 | 2 | |
| 忻州市 | 144 | 129 | 15 | | |
| 临汾市 | 2282 | 1273 | 970 | 39 | |
| 吕梁市 | 1 | | 1 | | |

3-1-12　续表11

单位:万元

| 地　区 | 卫生、社会保障和社会福利业 | | | | |
|---|---|---|---|---|---|
| | R&D经费内部支出 | 基础研究 | 应用研究 | 试验发展 | R&D经费外部支出 |
| **总　计** | **4971** | **368** | **4248** | **355** | **5** |
| **按地区分组** | | | | | |
| 太原市 | 4178 | 320 | 3655 | 204 | |
| 大同市 | 200 | | 200 | | |
| 阳泉市 | | | | | |
| 长治市 | | | | | |
| 晋城市 | | | | | |
| 朔州市 | | | | | |
| 晋中市 | 168 | 17 | 152 | | |
| 运城市 | 27 | | | 27 | 5 |
| 忻州市 | 124 | | | 124 | |
| 临汾市 | 211 | 12 | 200 | | |
| 吕梁市 | 62 | 20 | 42 | | |

3-1-12　续表12

单位:万元

| 地　区 | 文化、体育和娱乐业 | | | | |
|---|---|---|---|---|---|
| | R&D经费内部支出 | 基础研究 | 应用研究 | 试验发展 | R&D经费外部支出 |
| **总　计** | **15** | | **15** | | |
| **按地区分组** | | | | | |
| 太原市 | 15 | | 15 | | |
| 大同市 | | | | | |
| 阳泉市 | | | | | |
| 长治市 | | | | | |
| 晋城市 | | | | | |
| 朔州市 | | | | | |
| 晋中市 | | | | | |
| 运城市 | | | | | |
| 忻州市 | | | | | |
| 临汾市 | | | | | |
| 吕梁市 | | | | | |

## 3-2-1 全省研究与试验发展(R&D)活动经费内部支出及支出用途

单位:万元

| 项 目 | 日常性支出 | #人员劳务费 | 资产性支出 | #仪器和设备 |
|---|---|---|---|---|
| **总 计** | **645164** | **159283** | **163399** | **141886** |
| **一、按登记注册类型分组** | | | | |
| 内资企业 | 636263 | 156845 | 158663 | 137208 |
| 国有企业 | 138639 | 41000 | 59428 | 42130 |
| 集体企业 | 722 | 217 | 56 | 54 |
| 股份合作企业 | 137 | 78 | 32 | 32 |
| 有限责任公司 | 427519 | 100261 | 75826 | 72278 |
| 股份有限公司 | 43505 | 10826 | 20704 | 20184 |
| 私营企业 | 25708 | 4435 | 2618 | 2531 |
| 其他内资企业 | 34 | 28 | | |
| 港、澳、台商投资企业 | 3781 | 1092 | 4437 | 4437 |
| 外商投资企业 | 5121 | 1346 | 299 | 241 |
| **二、按隶属关系分组** | | | | |
| 中央 | 163709 | 37791 | 72266 | 56541 |
| 地方 | 481456 | 121492 | 91134 | 85345 |
| **三、按行业分组** | | | | |
| 农、林、牧、渔业 | 1436 | 284 | 434 | 419 |
| 采矿业 | 149025 | 69299 | 8200 | 7869 |
| 制造业 | 349518 | 47892 | 95837 | 91805 |
| 电力、燃气及水的生产和供应业 | 1210 | 281 | 143 | 141 |
| 建筑业 | 33231 | 5375 | 926 | 913 |
| 信息传输、计算机服务和软件业 | 1117 | 668 | 198 | 195 |
| 金融业 | 61 | 56 | 23 | 23 |
| 租赁和商务服务业 | 1817 | 286 | 67 | 66 |
| 科学研究、技术服务和地质勘查业 | 59582 | 22666 | 42407 | 26925 |
| 水利、环境和公共设施管理业 | 181 | 65 | 9 | 7 |
| 教育 | 44240 | 10129 | 13917 | 12326 |
| 卫生、社会保障和社会福利业 | 3733 | 2275 | 1239 | 1197 |
| 文化、体育和娱乐业 | 15 | 7 | | |
| **四、按地区分组** | | | | |
| 太原市 | 349356 | 56818 | 116371 | 99285 |
| 大同市 | 48066 | 33882 | 4842 | 2965 |
| 阳泉市 | 29499 | 4265 | 500 | 495 |
| 长治市 | 53988 | 17139 | 7540 | 7354 |
| 晋城市 | 31687 | 18360 | 1857 | 1854 |
| 朔州市 | 5130 | 1743 | 4230 | 4217 |
| 晋中市 | 40513 | 9483 | 18188 | 16227 |
| 运城市 | 32369 | 6593 | 6282 | 6007 |
| 忻州市 | 1946 | 554 | 140 | 127 |
| 临汾市 | 35722 | 5809 | 2206 | 2149 |
| 吕梁市 | 16890 | 4637 | 1242 | 1207 |

# 3-2-2 企业研究与试验发展(R&D)活动经费内部支出及支出用途

单位:万元

| 项　目 | 日常性支出 | #人员劳务费 | 资产性支出 | #仪器和设备 |
|---|---|---|---|---|
| **总　计** | **542724** | **128785** | **106675** | **101749** |
| **一、按登记注册类型分组** | | | | |
| 内资企业 | 533822 | 126347 | 101939 | 97072 |
| 国有企业 | 36657 | 10560 | 2709 | 1999 |
| 集体企业 | 722 | 217 | 56 | 54 |
| 股份合作企业 | 126 | 67 | 32 | 32 |
| 有限责任公司 | 427519 | 100261 | 75826 | 72278 |
| 股份有限公司 | 43505 | 10826 | 20704 | 20184 |
| 私营企业 | 25261 | 4388 | 2612 | 2525 |
| 其他内资企业 | 34 | 28 | | |
| 港、澳、台商投资企业 | 3781 | 1092 | 4437 | 4437 |
| 外商投资企业 | 5121 | 1346 | 299 | 241 |
| **二、按隶属关系分组** | | | | |
| 中央 | 118494 | 25950 | 32074 | 31158 |
| 地方 | 424231 | 102835 | 74601 | 70592 |
| **三、按行业分组** | | | | |
| 农业 | 895 | 188 | 94 | 80 |
| 林业 | 133 | 31 | 200 | 200 |
| 畜牧业 | 292 | 43 | 140 | 139 |
| 煤炭开采和洗选业 | 149025 | 69299 | 8200 | 7869 |
| 农副食品加工业 | 597 | 186 | 5 | 5 |
| 食品制造业 | 1990 | 256 | 123 | 117 |
| 饮料制造业 | 10516 | 2583 | 348 | 345 |
| 烟草制品业 | 665 | 211 | | |
| 纺织业 | 724 | 220 | 331 | 331 |
| 纺织服装、鞋、帽制造业 | 350 | 50 | | |
| 印刷业和记录媒介的复制 | 111 | 62 | | |
| 文教体育用品制造业 | 476 | 178 | 38 | 38 |
| 石油加工、炼焦及核燃料加工业 | 18667 | 2096 | 9046 | 8981 |
| 化学原料及化学制品制造业 | 32582 | 6230 | 6010 | 5832 |
| 医药制造业 | 7221 | 1903 | 883 | 841 |
| 橡胶制品业 | 2057 | 186 | 1144 | 1144 |
| 塑料制品业 | 30 | 9 | 20 | 20 |
| 非金属矿物制品业 | 5267 | 1355 | 501 | 447 |

3-2-2 续表

单位:万元

| 项目 | 日常性支出 | #人员劳务费 | 资产性支出 | #仪器和设备 |
| --- | --- | --- | --- | --- |
| 黑色金属冶炼及压延加工业 | 127323 | 9939 | 51549 | 48746 |
| 有色金属冶炼及压延加工业 | 5997 | 763 | 1323 | 1290 |
| 金属制品业 | 658 | 108 | 329 | 160 |
| 通用设备制造业 | 11599 | 2538 | 1679 | 1638 |
| 专用设备制造业 | 83947 | 12043 | 9530 | 9078 |
| 交通运输设备制造业 | 14778 | 2564 | 12356 | 12174 |
| 电气机械及器材制造业 | 13450 | 2094 | 441 | 440 |
| 通信设备、计算机及其他电子设备制造业 | 3900 | 892 | 19 | 17 |
| 仪器仪表及文化、办公用机械制造业 | 6614 | 1429 | 163 | 163 |
| 电力、热力的生产和供应业 | 1210 | 281 | 143 | 141 |
| 房屋和土木工程建筑业 | 33194 | 5364 | 912 | 900 |
| 建筑安装业 | 37 | 11 | 14 | 13 |
| 电信和其他信息传输服务业 | 226 | 88 | 76 | 75 |
| 计算机服务业 | 417 | 302 | 122 | 120 |
| 软件业 | 474 | 278 | | |
| 保险业 | 61 | 56 | 23 | 23 |
| 商务服务业 | 1817 | 286 | 67 | 66 |
| 研究与试验发展 | 5145 | 4608 | 842 | 315 |
| 专业技术服务业 | 199 | 28 | | |
| 科技交流和推广服务业 | 28 | 9 | | |
| 公共设施管理业 | 31 | 8 | 1 | |
| 卫生 | 23 | 13 | 4 | 4 |
| **四、按地区分组** | | | | |
| 太原市 | 269975 | 34449 | 69423 | 65190 |
| 大同市 | 40949 | 32135 | 795 | 707 |
| 阳泉市 | 29491 | 4261 | 500 | 495 |
| 长治市 | 52948 | 16422 | 7362 | 7176 |
| 晋城市 | 31646 | 18338 | 1847 | 1844 |
| 朔州市 | 5099 | 1721 | 4230 | 4217 |
| 晋中市 | 29982 | 6617 | 13396 | 13226 |
| 运城市 | 31354 | 5696 | 6015 | 5887 |
| 忻州市 | 1496 | 238 | 73 | 67 |
| 临汾市 | 33044 | 4386 | 1806 | 1750 |
| 吕梁市 | 16741 | 4523 | 1226 | 1191 |

## 3-2-3 工业企业研究与试验发展(R&D)活动经费内部支出及支出用途

单位:万元

| 项　　目 | 日常性支出 | #人员劳务费 | 资产性支出 | #仪器和设备 |
|---|---|---|---|---|
| **总　　计** | **499753** | **117472** | **104180** | **99815** |
| **一、按登记注册类型分组** | | | | |
| 内资企业 | 490851 | 115034 | 99445 | 95137 |
| 国有企业 | 20408 | 4778 | 1597 | 1422 |
| 集体企业 | 413 | 204 | 46 | 45 |
| 股份合作企业 | 98 | 58 | 32 | 32 |
| 有限责任公司 | 402958 | 95352 | 75079 | 71538 |
| 股份有限公司 | 42241 | 10459 | 20321 | 19816 |
| 私营企业 | 24733 | 4183 | 2369 | 2284 |
| 港、澳、台商投资企业 | 3781 | 1092 | 4437 | 4437 |
| 外商投资企业 | 5121 | 1346 | 299 | 241 |
| **二、按行业分组** | | | | |
| 煤炭开采和洗选业 | 149025 | 69299 | 8200 | 7869 |
| 农副食品加工业 | 597 | 186 | 5 | 5 |
| 食品制造业 | 1990 | 256 | 123 | 117 |
| 饮料制造业 | 10516 | 2583 | 348 | 345 |
| 烟草制品业 | 665 | 211 | | |
| 纺织业 | 724 | 220 | 331 | 331 |
| 纺织服装、鞋、帽制造业 | 350 | 50 | | |
| 印刷业和记录媒介的复制 | 111 | 62 | | |
| 文教体育用品制造业 | 476 | 178 | 38 | 38 |
| 石油加工、炼焦及核燃料加工业 | 18667 | 2096 | 9046 | 8981 |
| 化学原料及化学制品制造业 | 32582 | 6230 | 6010 | 5832 |
| 医药制造业 | 7221 | 1903 | 883 | 841 |
| 橡胶制品业 | 2057 | 186 | 1144 | 1144 |

3-2-3 续表

单位:万元

| 项 目 | 日常性支出 | #人员劳务费 | 资产性支出 | #仪器和设备 |
|---|---|---|---|---|
| 塑料制品业 | 30 | 9 | 20 | 20 |
| 非金属矿物制品业 | 5267 | 1355 | 501 | 447 |
| 黑色金属冶炼及压延加工业 | 127323 | 9939 | 51549 | 48746 |
| 有色金属冶炼及压延加工业 | 5997 | 763 | 1323 | 1290 |
| 金属制品业 | 658 | 108 | 329 | 160 |
| 通用设备制造业 | 11599 | 2538 | 1679 | 1638 |
| 专用设备制造业 | 83947 | 12043 | 9530 | 9078 |
| 交通运输设备制造业 | 14778 | 2564 | 12356 | 12174 |
| 电气机械及器材制造业 | 13450 | 2094 | 441 | 440 |
| 通信设备、计算机及其他电子设备制造业 | 3900 | 892 | 19 | 17 |
| 仪器仪表及文化、办公用机械制造业 | 6614 | 1429 | 163 | 163 |
| 电力、热力的生产和供应业 | 1210 | 281 | 143 | 141 |
| **三、按地区分组** | | | | |
| 太原市 | 236601 | 24232 | 67788 | 64097 |
| 大同市 | 40949 | 32135 | 795 | 707 |
| 阳泉市 | 29195 | 4251 | 500 | 495 |
| 长治市 | 52050 | 16193 | 7191 | 7021 |
| 晋城市 | 31513 | 18307 | 1647 | 1644 |
| 朔州市 | 5099 | 1721 | 4230 | 4217 |
| 晋中市 | 23771 | 6324 | 13171 | 13001 |
| 运城市 | 31304 | 5678 | 6010 | 5882 |
| 忻州市 | 1496 | 238 | 73 | 67 |
| 临汾市 | 31035 | 3872 | 1550 | 1494 |
| 吕梁市 | 16741 | 4523 | 1226 | 1191 |

## 3-2-4 非工业企业研究与试验发展(R&D)活动经费内部支出及支出用途

单位:万元

| 项目 | 日常性支出 | #人员劳务费 | 资产性支出 | #仪器和设备 |
|---|---|---|---|---|
| **总计** | **42971** | **11313** | **2494** | **1935** |
| **一、按登记注册类型分组** | | | | |
| 内资企业 | 42971 | 11313 | 2494 | 1935 |
| 国有企业 | 16248 | 5783 | 1112 | 577 |
| 集体企业 | 309 | 13 | 10 | 9 |
| 股份合作企业 | 28 | 9 | | |
| 有限责任公司 | 24561 | 4909 | 747 | 739 |
| 股份有限公司 | 1264 | 367 | 383 | 368 |
| 私营企业 | 528 | 205 | 243 | 242 |
| 其他内资企业 | 34 | 28 | | |
| **二、按行业分组** | | | | |
| 农业 | 895 | 188 | 94 | 80 |
| 林业 | 133 | 31 | 200 | 200 |
| 畜牧业 | 292 | 43 | 140 | 139 |
| 房屋和土木工程建筑业 | 33194 | 5364 | 912 | 900 |
| 建筑安装业 | 37 | 11 | 14 | 13 |
| 电信和其他信息传输服务业 | 226 | 88 | 76 | 75 |
| 计算机服务业 | 417 | 302 | 122 | 120 |
| 软件业 | 474 | 278 | | |
| 保险业 | 61 | 56 | 23 | 23 |
| 商务服务业 | 1817 | 286 | 67 | 66 |
| 研究与试验发展 | 5145 | 4608 | 842 | 315 |
| 专业技术服务业 | 199 | 28 | | |
| 科技交流和推广服务业 | 28 | 9 | | |
| 公共设施管理业 | 31 | 8 | 1 | |
| 卫生 | 23 | 13 | 4 | 4 |
| **三、按地区分组** | | | | |
| 太原市 | 33374 | 10217 | 1636 | 1093 |
| 阳泉市 | 296 | 11 | 1 | |
| 长治市 | 898 | 229 | 171 | 155 |
| 晋城市 | 133 | 31 | 200 | 200 |
| 晋中市 | 6211 | 293 | 226 | 226 |
| 运城市 | 51 | 18 | 5 | 5 |
| 临汾市 | 2009 | 514 | 256 | 256 |

## 3-2-5 政府属研究机构研究与试验发展(R&D)活动经费内部支出及支出用途

单位:万元

| 项　　目 | 日常性支出 | #人员劳务费 | 资产性支出 | #仪器和设备 |
|---|---|---|---|---|
| **总　　计** | **52937** | **17847** | **41177** | **26221** |
| **一、按机构隶属关系分组** | | | | |
| 中央 | 44950 | 11808 | 39854 | 25045 |
| 地方 | 7987 | 6039 | 1323 | 1176 |
| **二、按行业分组** | | | | |
| 科学研究、技术服务和地质勘查业 | 52937 | 17847 | 41177 | 26221 |
| 研究与试验发展 | 52937 | 17847 | 41177 | 26221 |
| **三、按地区分组** | | | | |
| 太原市 | 36586 | 12039 | 33126 | 21897 |
| 大同市 | 6532 | 1569 | 3793 | 2003 |
| 阳泉市 | 8 | 4 | | |
| 长治市 | 832 | 626 | 148 | 148 |
| 晋城市 | 41 | 22 | 10 | 10 |
| 朔州市 | 31 | 22 | | |
| 晋中市 | 7051 | 1966 | 3806 | 2016 |
| 运城市 | 957 | 863 | 259 | 112 |
| 忻州市 | 213 | 189 | 36 | 36 |
| 临汾市 | 586 | 469 | | |
| 吕梁市 | 101 | 88 | | |

## 3-2-6 高等学校研究与试验发展(R&D)活动经费内部支出及支出用途

单位:万元

| 项　　目 | 日常性支出 | #人员劳务费 | 资产性支出 | #仪器和设备 |
|---|---|---|---|---|
| **总　　计** | **45379** | **10557** | **14105** | **12514** |
| **一、按隶属关系分组** | | | | |
| 中央 | | | | |
| 地方 | 45379 | 10557 | 14105 | 12514 |
| **二、按行业分组** | | | | |
| 教育 | 44240 | 10129 | 13917 | 12326 |
| 卫生、社会保障和社会福利业 | 1139 | 429 | 188 | 188 |
| **三、按地区分组** | | | | |
| 太原市 | 39598 | 8756 | 12541 | 10950 |
| 大同市 | 261 | 119 | 144 | 144 |
| 长治市 | 208 | 90 | 30 | 30 |
| 晋中市 | 3232 | 688 | 978 | 978 |
| 运城市 | 58 | 35 | 9 | 9 |
| 忻州市 | 126 | 84 | 18 | 18 |
| 临汾市 | 1895 | 784 | 386 | 386 |
| 吕梁市 | 1 | 1 | | |

## 3-2-7　其他事业单位研究与试验发展(R&D)活动经费内部支出及支出用途

单位:万元

| 项　目 | 日常性支出 | #人员劳务费 | 资产性支出 | #仪器和设备 |
|---|---|---|---|---|
| **总　计** | **4124** | **2094** | **1443** | **1401** |
| **一、按行业分组** | | | | |
| 农、林、牧、渔业 | 116 | 22 | | |
| 科学研究、技术服务和地质勘查业 | 1273 | 174 | 389 | 389 |
| 水利、环境和公共设施管理业 | 150 | 57 | 8 | 7 |
| 卫生、社会保障和社会福利业 | 2571 | 1834 | 1047 | 1006 |
| 文化、体育和娱乐业 | 15 | 7 | | |
| **二、按地区分组** | | | | |
| 太原市 | 3197 | 1584 | 1282 | 1248 |
| 大同市 | 324 | 59 | 111 | 111 |
| 晋中市 | 248 | 212 | 8 | 7 |
| 忻州市 | 111 | 44 | 13 | 6 |
| 临汾市 | 198 | 170 | 14 | 13 |
| 吕梁市 | 46 | 25 | 16 | 16 |

## 3-2-8　内资企事业单位研究与试验发展(R&D)活动经费内部支出及支出用途

单位:万元

| 项　目 | 日常性支出 | #人员劳务费 | 资产性支出 | #仪器和设备 |
|---|---|---|---|---|
| **总　计** | **636263** | **156845** | **158663** | **137208** |
| **一、按行业分组** | | | | |
| 农、林、牧、渔业 | 1436 | 284 | 434 | 419 |
| 采矿业 | 149025 | 69299 | 8200 | 7869 |
| 制造业 | 340709 | 45489 | 91119 | 87145 |
| 电力、燃气及水的生产和供应业 | 1118 | 247 | 125 | 123 |
| 建筑业 | 33231 | 5375 | 926 | 913 |
| 信息传输、计算机服务和软件业 | 1117 | 668 | 198 | 195 |
| 金融业 | 61 | 56 | 23 | 23 |
| 租赁和商务服务业 | 1817 | 286 | 67 | 66 |
| 科学研究、技术服务和地质勘查业 | 59582 | 22666 | 42407 | 26925 |
| 水利、环境和公共设施管理业 | 181 | 65 | 9 | 7 |
| 教育 | 44240 | 10129 | 13917 | 12326 |
| 卫生、社会保障和社会福利业 | 3733 | 2275 | 1239 | 1197 |
| 文化、体育和娱乐业 | 15 | 7 | | |
| **二、按地区分组** | | | | |
| 太原市 | 346017 | 56176 | 116294 | 99266 |
| 大同市 | 47861 | 33786 | 4842 | 2965 |
| 阳泉市 | 29499 | 4265 | 500 | 495 |
| 长治市 | 53678 | 17081 | 7400 | 7214 |
| 晋城市 | 31532 | 18332 | 1857 | 1854 |
| 朔州市 | 5058 | 1717 | 4215 | 4201 |
| 晋中市 | 36568 | 8244 | 13765 | 11804 |
| 运城市 | 32322 | 6548 | 6202 | 5927 |
| 忻州市 | 1946 | 554 | 140 | 127 |
| 临汾市 | 34893 | 5505 | 2206 | 2149 |
| 吕梁市 | 16890 | 4637 | 1242 | 1207 |

## 3-2-9 国有企事业单位研究与试验发展(R&D)活动经费内部支出及支出用途

单位:万元

| 项　目 | 日常性支出 | #人员劳务费 | 资产性支出 | #仪器和设备 |
|---|---|---|---|---|
| **总　计** | **138639** | **41000** | **59428** | **42130** |
| **一、按行业分组** | | | | |
| 农、林、牧、渔业 | 116 | 22 | | |
| 采矿业 | 53 | 7 | | |
| 制造业 | 19349 | 4536 | 1570 | 1397 |
| 电力、燃气及水的生产和供应业 | 1006 | 234 | 27 | 25 |
| 建筑业 | 9309 | 954 | 271 | 263 |
| 租赁和商务服务业 | 1595 | 192 | | |
| 科学研究、技术服务和地质勘查业 | 59124 | 22621 | 42407 | 26925 |
| 水利、环境和公共设施管理业 | 150 | 57 | 8 | 7 |
| 教育 | 44240 | 10129 | 13917 | 12326 |
| 卫生、社会保障和社会福利业 | 3683 | 2241 | 1229 | 1187 |
| 文化、体育和娱乐业 | 15 | 7 | | |
| **二、按地区分组** | | | | |
| 太原市 | 92079 | 28988 | 49058 | 35510 |
| 大同市 | 7129 | 1751 | 4047 | 2257 |
| 阳泉市 | 8 | 4 | | |
| 长治市 | 4318 | 1533 | 472 | 466 |
| 晋城市 | 41 | 22 | 10 | 10 |
| 朔州市 | 77 | 60 | 5 | 5 |
| 晋中市 | 19111 | 4233 | 4977 | 3176 |
| 运城市 | 12492 | 2528 | 378 | 231 |
| 忻州市 | 453 | 317 | 67 | 60 |
| 临汾市 | 2785 | 1450 | 400 | 399 |
| 吕梁市 | 148 | 114 | 16 | 16 |

## 3-2-10 外商投资企事业单位研究与试验发展(R&D)活动经费内部支出及支出用途

单位:万元

| 项　目 | 日常性支出 | #人员劳务费 | 资产性支出 | #仪器和设备 |
|---|---|---|---|---|
| **总　计** | **5121** | **1346** | **299** | **241** |
| **一、按行业分组** | | | | |
| 制造业 | 5054 | 1313 | 297 | 239 |
| 电力、燃气及水的生产和供应业 | 67 | 33 | 2 | 2 |
| **二、按地区分组** | | | | |
| 太原市 | 3338 | 642 | 77 | 19 |
| 大同市 | 205 | 96 | | |
| 长治市 | 309 | 58 | 140 | 140 |
| 晋城市 | 155 | 28 | | |
| 朔州市 | 46 | 25 | | |
| 晋中市 | 541 | 389 | 2 | 2 |
| 运城市 | 47 | 46 | 80 | 80 |
| 临汾市 | 479 | 63 | | |

## 3-2-11 港澳台商企事业单位研究与试验发展(R&D)活动经费内部支出及支出用途

单位:万元

| 项　　目 | 日常性支出 | #人员劳务费 | 资产性支出 | #仪器和设备 |
|---|---|---|---|---|
| **总　　计** | **3781** | **1092** | **4437** | **4437** |
| **一、按行业分组** | | | | |
| 制造业 | 3755 | 1091 | 4421 | 4421 |
| 电力、燃气及水的生产和供应业 | 26 | 2 | 16 | 16 |
| **二、按地区分组** | | | | |
| 朔州市 | 26 | 2 | 16 | 16 |
| 晋中市 | 3405 | 850 | 4421 | 4421 |
| 临汾市 | 351 | 241 | | |

## 3-2-12 各地区按行业分企事业单位研究与试验发展(R&D)活动

单位:万元

| 地　　区 | 农、林、牧、渔业 | | | |
|---|---|---|---|---|
| | 日常性支出 | #人员劳务费 | 资产性支出 | #仪器和设备 |
| **总　计** | **1436** | **284** | **434** | **419** |
| **按地区分组** | | | | |
| 太原市 | 223 | 55 | 10 | 10 |
| 大同市 | 25 | 10 | | |
| 阳泉市 | 265 | 3 | | |
| 长治市 | 739 | 175 | 105 | 89 |
| 晋城市 | 133 | 31 | 200 | 200 |
| 朔州市 | | | | |
| 晋中市 | 50 | 10 | 120 | 120 |
| 运城市 | | | | |
| 忻州市 | | | | |
| 临汾市 | | | | |
| 吕梁市 | | | | |

3-2-12　续表1

单位:万元

| 地　　区 | 采矿业 | | | |
| --- | --- | --- | --- | --- |
| | 日常性支出 | #人员劳务费 | 资产性支出 | #仪器和设备 |
| **总　计** | **149025** | **69299** | **8200** | **7869** |
| **按地区分组** | | | | |
| 太原市 | 16433 | 1738 | 610 | 559 |
| 大同市 | 35065 | 30141 | 745 | 659 |
| 阳泉市 | 20050 | 3032 | 120 | 117 |
| 长治市 | 31418 | 12611 | 335 | 302 |
| 晋城市 | 28421 | 17582 | 1336 | 1336 |
| 朔州市 | 4687 | 1614 | 4110 | 4097 |
| 晋中市 | 6958 | 1026 | 909 | 799 |
| 运城市 | | | | |
| 忻州市 | 3 | 1 | | |
| 临汾市 | 402 | 63 | | |
| 吕梁市 | 5588 | 1491 | 36 | |

3-2-12　续表2

单位:万元

| 地　　区 | 制造业 | | | |
| --- | --- | --- | --- | --- |
| | 日常性支出 | #人员劳务费 | 资产性支出 | #仪器和设备 |
| **总　计** | **349518** | **47892** | **95837** | **91805** |
| **按地区分组** | | | | |
| 太原市 | 219271 | 22340 | 67155 | 63518 |
| 大同市 | 5883 | 1994 | 50 | 48 |
| 阳泉市 | 9145 | 1218 | 380 | 377 |
| 长治市 | 20530 | 3577 | 6758 | 6622 |
| 晋城市 | 3092 | 725 | 311 | 308 |
| 朔州市 | 286 | 36 | 100 | 100 |
| 晋中市 | 16792 | 5289 | 12260 | 12199 |
| 运城市 | 31239 | 5634 | 6010 | 5882 |
| 忻州市 | 1493 | 237 | 73 | 67 |
| 临汾市 | 30633 | 3809 | 1550 | 1494 |
| 吕梁市 | 11153 | 3032 | 1191 | 1191 |

3-2-12　续表3

单位:万元

| 地　区 | 电力、燃气及水的生产和供应业 | | | |
|---|---|---|---|---|
| | 日常性支出 | #人员劳务费 | 资产性支出 | #仪器和设备 |
| **总　计** | **1210** | **281** | **143** | **141** |
| **按地区分组** | | | | |
| 太原市 | 897 | 154 | 23 | 20 |
| 大同市 | | | | |
| 阳泉市 | | | | |
| 长治市 | 103 | 5 | 98 | 98 |
| 晋城市 | | | | |
| 朔州市 | 125 | 71 | 20 | 20 |
| 晋中市 | 21 | 9 | 2 | 2 |
| 运城市 | 64 | 44 | | |
| 忻州市 | | | | |
| 临汾市 | | | | |
| 吕梁市 | | | | |

3-2-12　续表4

单位:万元

| 地　区 | 建筑业 | | | |
|---|---|---|---|---|
| | 日常性支出 | #人员劳务费 | 资产性支出 | #仪器和设备 |
| **总　计** | **33231** | **5375** | **926** | **913** |
| **按地区分组** | | | | |
| 太原市 | 25017 | 4564 | 562 | 550 |
| 大同市 | | | | |
| 阳泉市 | | | | |
| 长治市 | 19 | 9 | 1 | 1 |
| 晋城市 | | | | |
| 朔州市 | | | | |
| 晋中市 | 6161 | 283 | 106 | 106 |
| 运城市 | 28 | 6 | 1 | 1 |
| 忻州市 | | | | |
| 临汾市 | 2006 | 514 | 256 | 256 |
| 吕梁市 | | | | |

3-2-12 续表5

单位:万元

| 地 区 | 信息传输、计算机服务和软件业 | | | |
|---|---|---|---|---|
| | 日常性支出 | #人员劳务费 | 资产性支出 | #仪器和设备 |
| **总 计** | **1117** | **668** | **198** | **195** |
| **按地区分组** | | | | |
| 太原市 | 1117 | 668 | 198 | 195 |
| 大同市 | | | | |
| 阳泉市 | | | | |
| 长治市 | | | | |
| 晋城市 | | | | |
| 朔州市 | | | | |
| 晋中市 | | | | |
| 运城市 | | | | |
| 忻州市 | | | | |
| 临汾市 | | | | |
| 吕梁市 | | | | |

3-2-12 续表6

单位:万元

| 地 区 | 金融业 | | | |
|---|---|---|---|---|
| | 日常性支出 | #人员劳务费 | 资产性支出 | #仪器和设备 |
| **总 计** | **61** | **56** | **23** | **23** |
| **按地区分组** | | | | |
| 太原市 | 61 | 56 | 23 | 23 |
| 大同市 | | | | |
| 阳泉市 | | | | |
| 长治市 | | | | |
| 晋城市 | | | | |
| 朔州市 | | | | |
| 晋中市 | | | | |
| 运城市 | | | | |
| 忻州市 | | | | |
| 临汾市 | | | | |
| 吕梁市 | | | | |

3-2-12 续表7

单位:万元

| 地 区 | 租赁和商务服务业 | | | |
|---|---|---|---|---|
| | 日常性支出 | #人员劳务费 | 资产性支出 | #仪器和设备 |
| **总 计** | **1817** | **286** | **67** | **66** |
| **按地区分组** | | | | |
| 太原市 | 1702 | 250 | 2 | 2 |
| 大同市 | | | | |
| 阳泉市 | | | | |
| 长治市 | 112 | 36 | 66 | 65 |
| 晋城市 | | | | |
| 朔州市 | | | | |
| 晋中市 | | | | |
| 运城市 | | | | |
| 忻州市 | | | | |
| 临汾市 | 3 | 1 | | |
| 吕梁市 | | | | |

3-2-12 续表8

单位:万元

| 地 区 | 科学研究、技术服务和地质勘查业 | | | |
|---|---|---|---|---|
| | 日常性支出 | #人员劳务费 | 资产性支出 | #仪器和设备 |
| **总 计** | **59582** | **22666** | **42407** | **26925** |
| **按地区分组** | | | | |
| 太原市 | 43036 | 16824 | 34305 | 22549 |
| 大同市 | 6692 | 1578 | 3843 | 2053 |
| 阳泉市 | 8 | 4 | | |
| 长治市 | 860 | 635 | 148 | 148 |
| 晋城市 | 41 | 22 | 10 | 10 |
| 朔州市 | 31 | 22 | | |
| 晋中市 | 7059 | 1973 | 3806 | 2016 |
| 运城市 | 957 | 863 | 259 | 112 |
| 忻州市 | 213 | 189 | 36 | 36 |
| 临汾市 | 586 | 469 | | |
| 吕梁市 | 101 | 88 | | |

3-2-12　续表9

单位:万元

| 地　区 | 水利、环境和公共设施管理业 | | | |
|---|---|---|---|---|
| | 日常性支出 | #人员劳务费 | 资产性支出 | #仪器和设备 |
| **总　计** | **181** | **65** | **9** | **7** |
| **按地区分组** | | | | |
| 太原市 | 77 | 11 | 1 | |
| 大同市 | | | | |
| 阳泉市 | 31 | 8 | 1 | |
| 长治市 | | | | |
| 晋城市 | | | | |
| 朔州市 | | | | |
| 晋中市 | 73 | 46 | 8 | 7 |
| 运城市 | | | | |
| 忻州市 | | | | |
| 临汾市 | | | | |
| 吕梁市 | | | | |

3-2-12　续表10

单位:万元

| 地　区 | 教育 | | | |
|---|---|---|---|---|
| | 日常性支出 | #人员劳务费 | 资产性支出 | #仪器和设备 |
| **总　计** | **44240** | **10129** | **13917** | **12326** |
| **按地区分组** | | | | |
| 太原市 | 38459 | 8327 | 12353 | 10763 |
| 大同市 | 261 | 119 | 144 | 144 |
| 阳泉市 | | | | |
| 长治市 | 208 | 90 | 30 | 30 |
| 晋城市 | | | | |
| 朔州市 | | | | |
| 晋中市 | 3232 | 688 | 978 | 978 |
| 运城市 | 58 | 35 | 9 | 9 |
| 忻州市 | 126 | 84 | 18 | 18 |
| 临汾市 | 1895 | 784 | 386 | 386 |
| 吕梁市 | 1 | 1 | | |

3-2-12　续表11

单位:万元

| 地　区 | 卫生、社会保障和社会福利业 | | | |
|---|---|---|---|---|
| | 日常性支出 | #人员劳务费 | 资产性支出 | #仪器和设备 |
| **总　计** | **3733** | **2275** | **1239** | **1197** |
| **按地区分组** | | | | |
| 太原市 | 3048 | 1825 | 1131 | 1098 |
| 大同市 | 140 | 40 | 60 | 60 |
| 阳泉市 | | | | |
| 长治市 | | | | |
| 晋城市 | | | | |
| 朔州市 | | | | |
| 晋中市 | 167 | 159 | 1 | |
| 运城市 | 23 | 13 | 4 | 4 |
| 忻州市 | 111 | 44 | 13 | 6 |
| 临汾市 | 198 | 170 | 14 | 13 |
| 吕梁市 | 46 | 25 | 16 | 16 |

3-2-12　续表12

单位:万元

| 地　区 | 文化、体育和娱乐业 | | | |
|---|---|---|---|---|
| | 日常性支出 | #人员劳务费 | 资产性支出 | #仪器和设备 |
| **总　计** | **15** | **7** | | |
| **按地区分组** | | | | |
| 太原市 | 15 | 7 | | |
| 大同市 | | | | |
| 阳泉市 | | | | |
| 长治市 | | | | |
| 晋城市 | | | | |
| 朔州市 | | | | |
| 晋中市 | | | | |
| 运城市 | | | | |
| 忻州市 | | | | |
| 临汾市 | | | | |
| 吕梁市 | | | | |

## 3-3-1 全省研究与试验发展(R&D)活动经费内部支出及来源构成

单位:万元

| 项目 | R&D经费内部支出 | 政府资金 | 企业资金 | 国外资金 | 其他资金 |
|---|---|---|---|---|---|
| **总计** | **808564** | **137282** | **656057** | **622** | **14602** |
| **一、按登记注册类型分组** | | | | | |
| 内资企业 | 794926 | 136156 | 643545 | 622 | 14602 |
| 国有企业 | 198067 | 114421 | 71976 | 336 | 11334 |
| 集体企业 | 778 | 15 | 763 | | |
| 股份合作企业 | 169 | | 169 | | |
| 有限责任公司 | 503345 | 17430 | 482594 | 269 | 3051 |
| 股份有限公司 | 64209 | 1271 | 62938 | | |
| 私营企业 | 28325 | 3019 | 25072 | 17 | 217 |
| 其他内资企业 | 34 | | 34 | | |
| 港、澳、台商投资企业 | 8218 | 424 | 7794 | | |
| 外商投资企业 | 5420 | 702 | 4718 | | |
| **二、按隶属关系分组** | | | | | |
| 中央 | 235974 | 79049 | 146047 | 574 | 10305 |
| 地方 | 572589 | 58234 | 510010 | 48 | 4298 |
| **三、按行业分组** | | | | | |
| 农、林、牧、渔业 | 1870 | 315 | 1528 | | 27 |
| 采矿业 | 157225 | 3686 | 153539 | | |
| 制造业 | 445355 | 19085 | 422918 | 286 | 3066 |
| 电力、燃气及水的生产和供应业 | 1353 | | 1353 | | |
| 建筑业 | 34157 | 20 | 34136 | | |
| 信息传输、计算机服务和软件业 | 1315 | 19 | 1094 | | 202 |
| 金融业 | 84 | | 84 | | |
| 租赁和商务服务业 | 1884 | 18 | 1866 | | |
| 科学研究、技术服务和地质勘查业 | 101989 | 77861 | 15510 | 319 | 8299 |
| 水利、环境和公共设施管理业 | 190 | 44 | 132 | | 14 |
| 教育 | 58157 | 32423 | 22820 | 17 | 2897 |
| 卫生、社会保障和社会福利业 | 4971 | 3798 | 1075 | | 98 |
| 文化、体育和娱乐业 | 15 | 15 | | | |
| **四、按地区分组** | | | | | |
| 太原市 | 465727 | 95043 | 358249 | 350 | 12087 |
| 大同市 | 52908 | 10624 | 40982 | | 1301 |
| 阳泉市 | 30000 | 395 | 29605 | | |
| 长治市 | 61528 | 5147 | 56075 | 255 | 51 |
| 晋城市 | 33544 | 3096 | 30447 | | |
| 朔州市 | 9360 | 65 | 9295 | | |
| 晋中市 | 58701 | 14280 | 44203 | 17 | 200 |
| 运城市 | 38651 | 2980 | 35475 | | 196 |
| 忻州市 | 2086 | 417 | 1629 | | 40 |
| 临汾市 | 37928 | 5080 | 32121 | | 727 |
| 吕梁市 | 18132 | 156 | 17975 | | |

# 3-3-2 企业研究与试验发展(R&D)活动经费内部支出及来源构成

单位:万元

| 项目 | R&D经费内部支出 | 政府资金 | 企业资金 | 国外资金 | 其他资金 |
|---|---|---|---|---|---|
| **总计** | **649399** | **23850** | **621994** | **286** | **3268** |
| **一、按登记注册类型分组** | | | | | |
| 内资企业 | 635761 | 22724 | 609483 | 286 | 3268 |
| 国有企业 | 39366 | 1189 | 38177 | | |
| 集体企业 | 778 | 15 | 763 | | |
| 股份合作企业 | 158 | | 158 | | |
| 有限责任公司 | 503345 | 17430 | 482594 | 269 | 3051 |
| 股份有限公司 | 64209 | 1271 | 62938 | | |
| 私营企业 | 27873 | 2819 | 24820 | 17 | 217 |
| 其他内资企业 | 34 | | 34 | | |
| 港、澳、台商投资企业 | 8218 | 424 | 7794 | | |
| 外商投资企业 | 5420 | 702 | 4718 | | |
| **二、按隶属关系分组** | | | | | |
| 中央 | 150567 | 10867 | 136539 | 255 | 2906 |
| 地方 | 498832 | 12983 | 485455 | 31 | 362 |
| **三、按行业分组** | | | | | |
| 农业 | 989 | 124 | 865 | | |
| 林业 | 333 | 84 | 249 | | |
| 畜牧业 | 432 | 18 | 414 | | |
| 煤炭开采和洗选业 | 157225 | 3686 | 153539 | | |
| 农副食品加工业 | 603 | 73 | 530 | | |
| 食品制造业 | 2113 | 88 | 2025 | | |
| 饮料制造业 | 10864 | 60 | 10804 | | |
| 烟草制品业 | 665 | | 665 | | |
| 纺织业 | 1056 | 60 | 979 | 17 | |
| 纺织服装、鞋、帽制造业 | 350 | 10 | 340 | | |
| 印刷业和记录媒介的复制 | 111 | | 111 | | |
| 文教体育用品制造业 | 514 | 205 | 309 | | |
| 石油加工、炼焦及核燃料加工业 | 27712 | 2110 | 25602 | | |
| 化学原料及化学制品制造业 | 38592 | 686 | 37843 | | 64 |
| 医药制造业 | 8104 | 491 | 7612 | | |
| 橡胶制品业 | 3201 | | 3201 | | |
| 塑料制品业 | 50 | | 50 | | |
| 非金属矿物制品业 | 5769 | 427 | 5341 | | |

3-3-2 续表

单位:万元

| 项 目 | R&D经费内部支出 | 政府资金 | 企业资金 | 国外资金 | 其他资金 |
|---|---|---|---|---|---|
| 黑色金属冶炼及压延加工业 | 178872 | 571 | 178301 | | |
| 有色金属冶炼及压延加工业 | 7320 | 681 | 6640 | | |
| 金属制品业 | 987 | 76 | 911 | | |
| 通用设备制造业 | 13277 | 405 | 12859 | 14 | |
| 专用设备制造业 | 93477 | 9764 | 83349 | 255 | 109 |
| 交通运输设备制造业 | 27134 | 1015 | 24944 | | 1175 |
| 电气机械及器材制造业 | 13891 | 530 | 13361 | | |
| 通信设备、计算机及其他电子设备制造业 | 3919 | 668 | 3250 | | 1 |
| 仪器仪表及文化、办公用机械制造业 | 6776 | 1166 | 3894 | | 1717 |
| 电力、热力的生产和供应业 | 1353 | | 1353 | | |
| 房屋和土木工程建筑业 | 34106 | 20 | 34086 | | |
| 建筑安装业 | 50 | | 50 | | |
| 电信和其他信息传输服务业 | 302 | 14 | 288 | | |
| 计算机服务业 | 539 | 5 | 427 | | 107 |
| 软件业 | 474 | | 379 | | 95 |
| 保险业 | 84 | | 84 | | |
| 商务服务业 | 1884 | 18 | 1866 | | |
| 研究与试验发展 | 5986 | 790 | 5196 | | |
| 专业技术服务业 | 199 | | 199 | | |
| 科技交流和推广服务业 | 28 | | 28 | | |
| 公共设施管理业 | 32 | 6 | 26 | | |
| 卫生 | 27 | | 27 | | |
| **四、按地区分组** | | | | | |
| 太原市 | 339398 | 9335 | 328115 | 14 | 1934 |
| 大同市 | 41744 | 843 | 39726 | | 1175 |
| 阳泉市 | 29992 | 387 | 29605 | | |
| 长治市 | 60310 | 4021 | 56034 | 255 | |
| 晋城市 | 33493 | 3046 | 30447 | | |
| 朔州市 | 9329 | 34 | 9295 | | |
| 晋中市 | 43378 | 1235 | 41967 | 17 | 159 |
| 运城市 | 37369 | 1894 | 35475 | | |
| 忻州市 | 1570 | 65 | 1505 | | |
| 临汾市 | 34849 | 2961 | 31888 | | |
| 吕梁市 | 17968 | 30 | 17937 | | |

## 3-3-3 工业企业研究与试验发展(R&D)活动经费内部支出及来源构成

单位:万元

| 项目 | R&D经费内部支出 | 政府资金 | 企业资金 | 国外资金 | 其他资金 |
|---|---|---|---|---|---|
| **总计** | **603934** | **22770** | **577811** | **286** | **3066** |
| **一、按登记注册类型分组** | | | | | |
| 内资企业 | 590296 | 21644 | 565300 | 286 | 3066 |
| 国有企业 | 22005 | 399 | 21607 | | |
| 集体企业 | 459 | | 459 | | |
| 股份合作企业 | 130 | | 130 | | |
| 有限责任公司 | 478037 | 17397 | 457415 | 269 | 2956 |
| 股份有限公司 | 62562 | 1056 | 61506 | | |
| 私营企业 | 27103 | 2792 | 24183 | 17 | 110 |
| 港、澳、台商投资企业 | 8218 | 424 | 7794 | | |
| 外商投资企业 | 5420 | 702 | 4718 | | |
| **二、按行业分组** | | | | | |
| 煤炭开采和洗选业 | 157225 | 3686 | 153539 | | |
| 农副食品加工业 | 603 | 73 | 530 | | |
| 食品制造业 | 2113 | 88 | 2025 | | |
| 饮料制造业 | 10864 | 60 | 10804 | | |
| 烟草制品业 | 665 | | 665 | | |
| 纺织业 | 1056 | 60 | 979 | 17 | |
| 纺织服装、鞋、帽制造业 | 350 | 10 | 340 | | |
| 印刷业和记录媒介的复制 | 111 | | 111 | | |
| 文教体育用品制造业 | 514 | 205 | 309 | | |
| 石油加工、炼焦及核燃料加工业 | 27712 | 2110 | 25602 | | |
| 化学原料及化学制品制造业 | 38592 | 686 | 37843 | | 64 |
| 医药制造业 | 8104 | 491 | 7612 | | |
| 橡胶制品业 | 3201 | | 3201 | | |

3-3-3 续表

单位:万元

| 项　　目 | R&D经费内部支出 | 政府资金 | 企业资金 | 国外资金 | 其他资金 |
|---|---|---|---|---|---|
| 塑料制品业 | 50 | | 50 | | |
| 非金属矿物制品业 | 5769 | 427 | 5341 | | |
| 黑色金属冶炼及压延加工业 | 178872 | 571 | 178301 | | |
| 有色金属冶炼及压延加工业 | 7320 | 681 | 6640 | | |
| 金属制品业 | 987 | 76 | 911 | | |
| 通用设备制造业 | 13277 | 405 | 12859 | 14 | |
| 专用设备制造业 | 93477 | 9764 | 83349 | 255 | 109 |
| 交通运输设备制造业 | 27134 | 1015 | 24944 | | 1175 |
| 电气机械及器材制造业 | 13891 | 530 | 13361 | | |
| 通信设备、计算机及其他电子设备制造业 | 3919 | 668 | 3250 | | 1 |
| 仪器仪表及文化、办公用机械制造业 | 6776 | 1166 | 3894 | | 1717 |
| 电力、热力的生产和供应业 | 1353 | | 1353 | | |
| **三、按地区分组** | | | | | |
| 太原市 | 304389 | 8510 | 294133 | 14 | 1732 |
| 大同市 | 41744 | 843 | 39726 | | 1175 |
| 阳泉市 | 29695 | 376 | 29319 | | |
| 长治市 | 59242 | 3872 | 55115 | 255 | |
| 晋城市 | 33160 | 2962 | 30198 | | |
| 朔州市 | 9329 | 34 | 9295 | | |
| 晋中市 | 36941 | 1235 | 35530 | 17 | 159 |
| 运城市 | 37313 | 1884 | 35429 | | |
| 忻州市 | 1570 | 65 | 1505 | | |
| 临汾市 | 32585 | 2961 | 29623 | | |
| 吕梁市 | 17968 | 30 | 17937 | | |

## 3-3-4 非工业企业研究与试验发展(R&D)活动经费内部支出及来源构成

单位:万元

| 项　目 | R&D经费内部支出 | 政府资金 | 企业资金 | 国外资金 | 其他资金 |
|---|---|---|---|---|---|
| **总　计** | **45465** | **1080** | **44183** | | **202** |
| **一、按登记注册类型分组** | | | | | |
| 内资企业 | 45465 | 1080 | 44183 | | 202 |
| 国有企业 | 17360 | 790 | 16570 | | |
| 集体企业 | 319 | 15 | 304 | | |
| 股份合作企业 | 28 | | 28 | | |
| 有限责任公司 | 25308 | 33 | 25179 | | 95 |
| 股份有限公司 | 1647 | 215 | 1432 | | |
| 私营企业 | 771 | 27 | 637 | | 107 |
| 其他内资企业 | 34 | | 34 | | |
| **二、按行业分组** | | | | | |
| 农业 | 989 | 124 | 865 | | |
| 林业 | 333 | 84 | 249 | | |
| 畜牧业 | 432 | 18 | 414 | | |
| 房屋和土木工程建筑业 | 34106 | 20 | 34086 | | |
| 建筑安装业 | 50 | | 50 | | |
| 电信和其他信息传输服务业 | 302 | 14 | 288 | | |
| 计算机服务业 | 539 | 5 | 427 | | 107 |
| 软件业 | 474 | | 379 | | 95 |
| 保险业 | 84 | | 84 | | |
| 商务服务业 | 1884 | 18 | 1866 | | |
| 研究与试验发展 | 5986 | 790 | 5196 | | |
| 专业技术服务业 | 199 | | 199 | | |
| 科技交流和推广服务业 | 28 | | 28 | | |
| 公共设施管理业 | 32 | 6 | 26 | | |
| 卫生 | 27 | | 27 | | |
| **三、按地区分组** | | | | | |
| 太原市 | 35010 | 826 | 33982 | | 202 |
| 阳泉市 | 297 | 11 | 286 | | |
| 长治市 | 1069 | 149 | 919 | | |
| 晋城市 | 333 | 84 | 249 | | |
| 晋中市 | 6437 | | 6437 | | |
| 运城市 | 56 | 10 | 46 | | |
| 临汾市 | 2265 | | 2265 | | |

## 3-3-5　政府属研究机构研究与试验发展(R&D)活动经费内部支出及来源构成

单位:万元

| 项　　目 | R&D经费内部支出 | 政府资金 | 企业资金 | 国外资金 | 其他资金 |
|---|---|---|---|---|---|
| **总　　计** | **94114** | **76150** | **9857** | **319** | **7787** |
| **一、按隶属关系分组** | | | | | |
| 中央 | 84804 | 68042 | 9508 | 319 | 6936 |
| 地方 | 9310 | 8109 | 350 | | 851 |
| **二、按行业分组** | | | | | |
| 科学研究、技术服务和地质勘查业 | 94114 | 76150 | 9857 | 319 | 7787 |
| 研究与试验发展 | 94114 | 76150 | 9857 | 319 | 7787 |
| **三、按地区分组** | | | | | |
| 太原市 | 69711 | 54045 | 7764 | 319 | 7586 |
| 大同市 | 10325 | 9292 | 1032 | | |
| 阳泉市 | 8 | 8 | | | |
| 长治市 | 980 | 939 | 30 | | 11 |
| 晋城市 | 51 | 51 | | | |
| 朔州市 | 31 | 31 | | | |
| 晋中市 | 10857 | 9824 | 1032 | | |
| 运城市 | 1216 | 1026 | | | 190 |
| 忻州市 | 249 | 249 | | | |
| 临汾市 | 586 | 586 | | | |
| 吕梁市 | 101 | 101 | | | |

## 3-3-6　高等学校研究与试验发展(R&D)活动经费内部支出及来源构成

单位:万元

| 项　　目 | R&D经费内部支出 | 政府资金 | 企业资金 | 国外资金 | 其他资金 |
|---|---|---|---|---|---|
| **总　　计** | **59483** | **33600** | **22872** | **17** | **2995** |
| **一、按隶属关系分组** | | | | | |
| 中央 | | | | | |
| 地方 | 59483 | 33600 | 22872 | 17 | 2995 |
| **二、按行业分组** | | | | | |
| 教育 | 58157 | 32423 | 22820 | 17 | 2897 |
| 卫生、社会保障和社会福利业 | 1327 | 1177 | 51 | | 98 |
| **三、按地区分组** | | | | | |
| 太原市 | 52139 | 28395 | 21676 | 17 | 2051 |
| 大同市 | 405 | 280 | 25 | | 101 |
| 长治市 | 238 | 187 | 11 | | 40 |
| 晋中市 | 4209 | 3184 | 996 | | 30 |
| 运城市 | 67 | 60 | | | 6 |
| 忻州市 | 144 | 103 | | | 40 |
| 临汾市 | 2282 | 1390 | 164 | | 727 |
| 吕梁市 | 1 | 1 | | | |

## 3-3-7 其他事业单位研究与试验发展(R&D)活动经费内部支出及来源构成

单位:万元

| 项目 | R&D经费内部支出 | 政府资金 | 企业资金 | 国外资金 | 其他资金 |
|---|---|---|---|---|---|
| **总计** | **5568** | **3682** | **1333** | | **552** |
| **一、按行业分组** | | | | | |
| 农、林、牧、渔业 | 116 | 89 | | | 27 |
| 科学研究、技术服务和地质勘查业 | 1662 | 921 | 230 | | 511 |
| 水利、环境和公共设施管理业 | 158 | 38 | 106 | | 14 |
| 卫生、社会保障和社会福利业 | 3618 | 2621 | 997 | | |
| 文化、体育和娱乐业 | 15 | 15 | | | |
| **二、按地区分组** | | | | | |
| 太原市 | 4478 | 3268 | 695 | | 516 |
| 大同市 | 435 | 210 | 200 | | 25 |
| 晋中市 | 256 | 38 | 207 | | 11 |
| 忻州市 | 124 | | 124 | | |
| 临汾市 | 211 | 143 | 69 | | |
| 吕梁市 | 62 | 24 | 38 | | |

## 3-3-8 内资企事业单位研究与试验发展(R&D)活动经费内部支出及来源构成

单位:万元

| 项目 | R&D经费内部支出 | 政府资金 | 企业资金 | 国外资金 | 其他资金 |
|---|---|---|---|---|---|
| **总计** | **794926** | **136156** | **643545** | **622** | **14602** |
| **一、按行业分组** | | | | | |
| 农、林、牧、渔业 | 1870 | 315 | 1528 | | 27 |
| 采矿业 | 157225 | 3686 | 153539 | | |
| 制造业 | 431828 | 17958 | 410518 | 286 | 3066 |
| 电力、燃气及水的生产和供应业 | 1243 | | 1243 | | |
| 建筑业 | 34157 | 20 | 34136 | | |
| 信息传输、计算机服务和软件业 | 1315 | 19 | 1094 | | 202 |
| 金融业 | 84 | | 84 | | |
| 租赁和商务服务业 | 1884 | 18 | 1866 | | |
| 科学研究、技术服务和地质勘查业 | 101989 | 77861 | 15510 | 319 | 8299 |
| 水利、环境和公共设施管理业 | 190 | 44 | 132 | | 14 |
| 教育 | 58157 | 32423 | 22820 | 17 | 2897 |
| 卫生、社会保障和社会福利业 | 4971 | 3798 | 1075 | | 98 |
| 文化、体育和娱乐业 | 15 | 15 | | | |
| **二、按地区分组** | | | | | |
| 太原市 | 462312 | 94404 | 355473 | 350 | 12087 |
| 大同市 | 52703 | 10624 | 40777 | | 1301 |
| 阳泉市 | 30000 | 395 | 29605 | | |
| 长治市 | 61079 | 5147 | 55625 | 255 | 51 |
| 晋城市 | 33388 | 3093 | 30295 | | |
| 朔州市 | 9273 | 65 | 9208 | | |
| 晋中市 | 50332 | 13856 | 36259 | 17 | 200 |
| 运城市 | 38524 | 2980 | 35348 | | 196 |
| 忻州市 | 2086 | 417 | 1629 | | 40 |
| 临汾市 | 37098 | 5020 | 31351 | | 727 |
| 吕梁市 | 18132 | 156 | 17975 | | |

## 3-3-9 国有企事业单位研究与试验发展(R&D)活动经费内部支出及来源构成

单位:万元

| 项目 | R&D经费内部支出 | 政府资金 | 企业资金 | 国外资金 | 其他资金 |
|---|---|---|---|---|---|
| **总计** | **198067** | **114421** | **71976** | **336** | **11334** |
| **一、按行业分组** | | | | | |
| 农、林、牧、渔业 | 116 | 89 | | | 27 |
| 采矿业 | 53 | | 53 | | |
| 制造业 | 20919 | 399 | 20520 | | |
| 电力、燃气及水的生产和供应业 | 1034 | | 1034 | | |
| 建筑业 | 9580 | | 9580 | | |
| 租赁和商务服务业 | 1595 | | 1595 | | |
| 科学研究、技术服务和地质勘查业 | 101531 | 77661 | 15252 | 319 | 8299 |
| 水利、环境和公共设施管理业 | 158 | 38 | 106 | | 14 |
| 教育 | 58157 | 32423 | 22820 | 17 | 2897 |
| 卫生、社会保障和社会福利业 | 4911 | 3798 | 1015 | | 98 |
| 文化、体育和娱乐业 | 15 | 15 | | | |
| **二、按地区分组** | | | | | |
| 太原市 | 141137 | 86319 | 44331 | 336 | 10153 |
| 大同市 | 11176 | 9781 | 1268 | | 126 |
| 阳泉市 | 8 | 8 | | | |
| 长治市 | 4789 | 1126 | 3612 | | 51 |
| 晋城市 | 51 | 51 | | | |
| 朔州市 | 81 | 31 | 50 | | |
| 晋中市 | 24088 | 13175 | 10871 | | 41 |
| 运城市 | 12870 | 1333 | 11340 | | 196 |
| 忻州市 | 520 | 352 | 127 | | 40 |
| 临汾市 | 3185 | 2118 | 339 | | 727 |
| 吕梁市 | 164 | 126 | 38 | | |

## 3-3-10 外商投资企事业单位研究与试验发展(R&D)活动经费内部支出及来源构成

单位:万元

| 项目 | R&D经费内部支出 | 政府资金 | 企业资金 | 国外资金 | 其他资金 |
|---|---|---|---|---|---|
| **总计** | **5420** | **702** | **4718** | | |
| **一、按行业分组** | | | | | |
| 制造业 | 5351 | 702 | 4649 | | |
| 电力、燃气及水的生产和供应业 | 69 | | 69 | | |
| **二、按地区分组** | | | | | |
| 太原市 | 3415 | 639 | 2776 | | |
| 大同市 | 205 | | 205 | | |
| 长治市 | 449 | | 449 | | |
| 晋城市 | 155 | 3 | 152 | | |
| 朔州市 | 46 | | 46 | | |
| 晋中市 | 543 | | 543 | | |
| 运城市 | 127 | | 127 | | |
| 临汾市 | 479 | 60 | 419 | | |

## 3-3-11 港澳台商企事业单位研究与试验发展(R&D)活动经费内部支出及来源构成

单位:万元

| 项目 | R&D经费内部支出 | 政府资金 | 企业资金 | 国外资金 | 其他资金 |
|---|---|---|---|---|---|
| **总计** | **8218** | **424** | **7794** | | |
| **一、按行业分组** | | | | | |
| 制造业 | 8176 | 424 | 7752 | | |
| 电力、燃气及水的生产和供应业 | 42 | | 42 | | |
| **二、按地区分组** | | | | | |
| 朔州市 | 42 | | 42 | | |
| 晋中市 | 7825 | 424 | 7401 | | |
| 临汾市 | 351 | | 351 | | |

## 3-3-12 各地区按行业分企事业单位研究与试验发展(R&D)活动经费内部支出及来源构成

单位:万元

| 地区 | 农、林、牧、渔业 | | | | |
|---|---|---|---|---|---|
| | R&D经费内部支出 | 政府资金 | 企业资金 | 国外资金 | 其他资金 |
| **总计** | **1870** | **315** | **1528** | | **27** |
| **按地区分组** | | | | | |
| 太原市 | 233 | 94 | 137 | | 2 |
| 大同市 | 25 | | | | 25 |
| 阳泉市 | 265 | 5 | 260 | | |
| 长治市 | 844 | 131 | 713 | | |
| 晋城市 | 333 | 84 | 249 | | |
| 朔州市 | | | | | |
| 晋中市 | 170 | | 170 | | |
| 运城市 | | | | | |
| 忻州市 | | | | | |
| 临汾市 | | | | | |
| 吕梁市 | | | | | |

3-3-12　续表1

单位:万元

| 地　区 | 采矿业 | | | | |
| --- | --- | --- | --- | --- | --- |
| | R&D经费内部支出 | 政府资金 | 企业资金 | 国外资金 | 其他资金 |
| **总　计** | **157225** | **3686** | **153539** | | |
| **按地区分组** | | | | | |
| 太原市 | 17043 | 48 | 16995 | | |
| 大同市 | 35811 | 667 | 35144 | | |
| 阳泉市 | 20170 | 183 | 19987 | | |
| 长治市 | 31753 | 56 | 31697 | | |
| 晋城市 | 29757 | 2690 | 27067 | | |
| 朔州市 | 8797 | 34 | 8764 | | |
| 晋中市 | 7867 | 10 | 7857 | | |
| 运城市 | | | | | |
| 忻州市 | 3 | | 3 | | |
| 临汾市 | 402 | | 402 | | |
| 吕梁市 | 5624 | | 5624 | | |

3-3-12　续表2

单位:万元

| 地　区 | 制造业 | | | | |
| --- | --- | --- | --- | --- | --- |
| | R&D经费内部支出 | 政府资金 | 企业资金 | 国外资金 | 其他资金 |
| **总　计** | **445355** | **19085** | **422918** | **286** | **3066** |
| **按地区分组** | | | | | |
| 太原市 | 286427 | 8462 | 276219 | 14 | 1732 |
| 大同市 | 5933 | 176 | 4582 | | 1175 |
| 阳泉市 | 9525 | 193 | 9332 | | |
| 长治市 | 27288 | 3816 | 23217 | 255 | |
| 晋城市 | 3403 | 272 | 3132 | | |
| 朔州市 | 386 | | 386 | | |
| 晋中市 | 29051 | 1225 | 27651 | 17 | 159 |
| 运城市 | 37249 | 1884 | 35365 | | |
| 忻州市 | 1567 | 65 | 1502 | | |
| 临汾市 | 32183 | 2961 | 29222 | | |
| 吕梁市 | 12344 | 30 | 12313 | | |

3-3-12 续表3

单位:万元

| 地　　区 | 电力、燃气及水的生产和供应业 | | | | |
|---|---|---|---|---|---|
| | R&D经费内部支出 | 政府资金 | 企业资金 | 国外资金 | 其他资金 |
| **总　计** | **1353** | | **1353** | | |
| **按地区分组** | | | | | |
| 太原市 | 919 | | 919 | | |
| 大同市 | | | | | |
| 阳泉市 | | | | | |
| 长治市 | 201 | | 201 | | |
| 晋城市 | | | | | |
| 朔州市 | 146 | | 146 | | |
| 晋中市 | 23 | | 23 | | |
| 运城市 | 64 | | 64 | | |
| 忻州市 | | | | | |
| 临汾市 | | | | | |
| 吕梁市 | | | | | |

3-3-12 续表4

单位:万元

| 地　　区 | 建筑业 | | | | |
|---|---|---|---|---|---|
| | R&D经费内部支出 | 政府资金 | 企业资金 | 国外资金 | 其他资金 |
| **总　计** | **34157** | **20** | **34136** | | |
| **按地区分组** | | | | | |
| 太原市 | 25579 | 10 | 25569 | | |
| 大同市 | | | | | |
| 阳泉市 | | | | | |
| 长治市 | 19 | | 19 | | |
| 晋城市 | | | | | |
| 朔州市 | | | | | |
| 晋中市 | 6267 | | 6267 | | |
| 运城市 | 29 | 10 | 19 | | |
| 忻州市 | | | | | |
| 临汾市 | 2262 | | 2262 | | |
| 吕梁市 | | | | | |

3-3-12　续表5

单位:万元

| 地　　区 | 信息传输、计算机服务和软件业 | | | | |
|---|---|---|---|---|---|
| | R&D经费内部支出 | 政府资金 | 企业资金 | 国外资金 | 其他资金 |
| **总　计** | **1315** | **19** | **1094** | | **202** |
| **按地区分组** | | | | | |
| 太原市 | 1315 | 19 | 1094 | | 202 |
| 大同市 | | | | | |
| 阳泉市 | | | | | |
| 长治市 | | | | | |
| 晋城市 | | | | | |
| 朔州市 | | | | | |
| 晋中市 | | | | | |
| 运城市 | | | | | |
| 忻州市 | | | | | |
| 临汾市 | | | | | |
| 吕梁市 | | | | | |

3-3-12　续表6

单位:万元

| 地　　区 | 金融业 | | | | |
|---|---|---|---|---|---|
| | R&D经费内部支出 | 政府资金 | 企业资金 | 国外资金 | 其他资金 |
| **总　计** | **84** | | **84** | | |
| **按地区分组** | | | | | |
| 太原市 | 84 | | 84 | | |
| 大同市 | | | | | |
| 阳泉市 | | | | | |
| 长治市 | | | | | |
| 晋城市 | | | | | |
| 朔州市 | | | | | |
| 晋中市 | | | | | |
| 运城市 | | | | | |
| 忻州市 | | | | | |
| 临汾市 | | | | | |
| 吕梁市 | | | | | |

3-3-12　续表7

单位:万元

| 地　　区 | 租赁和商务服务业 | | | | |
|---|---|---|---|---|---|
| | R&D经费内部支出 | 政府资金 | 企业资金 | 国外资金 | 其他资金 |
| **总　计** | **1884** | **18** | **1866** | | |
| **按地区分组** | | | | | |
| 太原市 | 1704 | | 1704 | | |
| 大同市 | | | | | |
| 阳泉市 | | | | | |
| 长治市 | 177 | 18 | 159 | | |
| 晋城市 | | | | | |
| 朔州市 | | | | | |
| 晋中市 | | | | | |
| 运城市 | | | | | |
| 忻州市 | | | | | |
| 临汾市 | 3 | | 3 | | |
| 吕梁市 | | | | | |

3-3-12　续表8

单位:万元

| 地　　区 | 科学研究、技术服务和地质勘查业 | | | | |
|---|---|---|---|---|---|
| | R&D经费内部支出 | 政府资金 | 企业资金 | 国外资金 | 其他资金 |
| **总　计** | **101989** | **77861** | **15510** | **319** | **8299** |
| **按地区分组** | | | | | |
| 太原市 | 77341 | 55546 | 13389 | 319 | 8089 |
| 大同市 | 10535 | 9502 | 1032 | | |
| 阳泉市 | 8 | 8 | | | |
| 长治市 | 1008 | 939 | 58 | | 11 |
| 晋城市 | 51 | 51 | | | |
| 朔州市 | 31 | 31 | | | |
| 晋中市 | 10865 | 9824 | 1032 | | 8 |
| 运城市 | 1216 | 1026 | | | 190 |
| 忻州市 | 249 | 249 | | | |
| 临汾市 | 586 | 586 | | | |
| 吕梁市 | 101 | 101 | | | |

3-3-12 续表9

单位:万元

| 地 区 | 水利、环境和公共设施管理业 | | | | |
|---|---|---|---|---|---|
| | R&D经费内部支出 | 政府资金 | 企业资金 | 国外资金 | 其他资金 |
| **总 计** | **190** | **44** | **132** | | **14** |
| **按地区分组** | | | | | |
| 太原市 | 78 | | 67 | | 11 |
| 大同市 | | | | | |
| 阳泉市 | 32 | 6 | 26 | | |
| 长治市 | | | | | |
| 晋城市 | | | | | |
| 朔州市 | | | | | |
| 晋中市 | 81 | 38 | 39 | | 3 |
| 运城市 | | | | | |
| 忻州市 | | | | | |
| 临汾市 | | | | | |
| 吕梁市 | | | | | |

3-3-12 续表10

单位:万元

| 地 区 | 教育 | | | | |
|---|---|---|---|---|---|
| | R&D经费内部支出 | 政府资金 | 企业资金 | 国外资金 | 其他资金 |
| **总 计** | **58157** | **32423** | **22820** | **17** | **2897** |
| **按地区分组** | | | | | |
| 太原市 | 50812 | 27218 | 21624 | 17 | 1953 |
| 大同市 | 405 | 280 | 25 | | 101 |
| 阳泉市 | | | | | |
| 长治市 | 238 | 187 | 11 | | 40 |
| 晋城市 | | | | | |
| 朔州市 | | | | | |
| 晋中市 | 4209 | 3184 | 996 | | 30 |
| 运城市 | 67 | 60 | | | 6 |
| 忻州市 | 144 | 103 | | | 40 |
| 临汾市 | 2282 | 1390 | 164 | | 727 |
| 吕梁市 | 1 | 1 | | | |

3-3-12　续表11

单位:万元

| 地　区 | 卫生、社会保障和社会福利业 | | | | |
|---|---|---|---|---|---|
| | R&D经费内部支出 | 政府资金 | 企业资金 | 国外资金 | 其他资金 |
| **总　计** | **4971** | **3798** | **1075** | | **98** |
| **按地区分组** | | | | | |
| 太原市 | 4178 | 3631 | 449 | | 98 |
| 大同市 | 200 | | 200 | | |
| 阳泉市 | | | | | |
| 长治市 | | | | | |
| 晋城市 | | | | | |
| 朔州市 | | | | | |
| 晋中市 | 168 | | 168 | | |
| 运城市 | 27 | | 27 | | |
| 忻州市 | 124 | | 124 | | |
| 临汾市 | 211 | 143 | 69 | | |
| 吕梁市 | 62 | 24 | 38 | | |

3-3-12　续表12

单位:万元

| 地　区 | 文化、体育和娱乐业 | | | | |
|---|---|---|---|---|---|
| | R&D经费内部支出 | 政府资金 | 企业资金 | 国外资金 | 其他资金 |
| **总　计** | **15** | **15** | | | |
| **按地区分组** | | | | | |
| 太原市 | 15 | 15 | | | |
| 大同市 | | | | | |
| 阳泉市 | | | | | |
| 长治市 | | | | | |
| 晋城市 | | | | | |
| 朔州市 | | | | | |
| 晋中市 | | | | | |
| 运城市 | | | | | |
| 忻州市 | | | | | |
| 临汾市 | | | | | |
| 吕梁市 | | | | | |

# 第四部分

# 研究与试验发展（R&D）项目（课题）情况

# 4-1 全省研究与试验发展(R&D)项目（课题）

| 项目 | 项目(课题)数(项) | 项目(课题)人员全时当量(人年) | #研究人员 | 项目(课题)经费支出(万元) |
|---|---|---|---|---|
| **总计** | **9347** | **35026** | **8804** | **569928** |
| **一、按项目活动类型分组** | | | | |
| 基础研究 | 2850 | 2990 | 2305 | 14100 |
| 应用研究 | 4215 | 8122 | 4104 | 82832 |
| 试验发展 | 2282 | 23915 | 2395 | 472996 |
| **二、按项目合作形式分组** | | | | |
| 与境外机构合作 | 48 | 224 | 69 | 6932 |
| 与国内高校合作 | 501 | 5626 | 320 | 55005 |
| 与国内独立研究机构合作 | 317 | 5293 | 166 | 70214 |
| 与境内注册外商独资企业合作 | 8 | 34 | 10 | 294 |
| 与境内注册其他企业合作 | 415 | 2847 | 341 | 47661 |
| 独立完成 | 7882 | 20149 | 7749 | 377244 |
| 其他 | 176 | 854 | 149 | 12578 |
| **三、按项目来源分组** | | | | |
| 国家科技项目 | 1447 | 5785 | 3169 | 100760 |
| 地方科技项目 | 2901 | 4249 | 2258 | 40486 |
| 企业委托科技项目 | 1883 | 2241 | 1500 | 27827 |
| 自选科技项目 | 2911 | 22123 | 1598 | 394097 |
| 来自国外的科技项目 | 38 | 81 | 36 | 1350 |
| 其它科技项 | 167 | 546 | 244 | 5409 |
| **四、按学科分组** | | | | |
| 自然科学 | 1045 | 1225 | 947 | 11814 |
| 农业科学 | 657 | 1088 | 547 | 6820 |
| 医药科学 | 1148 | 2120 | 1157 | 4119 |
| 工程与技术科学 | 4327 | 29175 | 5085 | 544139 |
| 人文与社会科学 | 2170 | 1419 | 1068 | 3036 |
| **五、按项目的社会经济目标分组** | | | | |
| 环境保护及污染防治 | 278 | 1008 | 220 | 10108 |
| 促进能源的生产、分配和合理利用 | 475 | 2807 | 622 | 48936 |
| 促进卫生事业的发展 | 1135 | 2092 | 1145 | 4057 |
| 促进教育事业的发展 | 907 | 632 | 468 | 500 |
| 基础设施以及城市和农村规划 | 232 | 869 | 164 | 33240 |
| 社会发展和社会服务 | 890 | 854 | 445 | 4637 |
| 地球和大气层的探索与利用 | 52 | 65 | 53 | 350 |
| 民用空间的探测及开发 | 12 | 61 | 6 | 59 |
| 促进农林牧渔业发展 | 665 | 1124 | 578 | 6930 |
| 促进工商业发展 | 2975 | 21233 | 2317 | 407871 |
| 非定向研究 | 1434 | 1615 | 986 | 10409 |
| 其他民用目标 | 20 | 24 | 10 | 149 |
| 国防 | 272 | 2644 | 1790 | 42682 |

4-1　续表1

| 项　　目 | 项目(课题)数(项) | 项目(课题)人员全时当量(人年) | #研究人员 | 项目(课题)经费支出(万元) |
|---|---|---|---|---|
| **六、按项目服务的国民经济行业分组** | | | | |
| 农、林、牧、渔业 | 811 | 1276 | 680 | 8485 |
| 农业 | 576 | 985 | 506 | 5710 |
| 林业 | 25 | 32 | 16 | 238 |
| 畜牧业 | 95 | 110 | 63 | 1268 |
| 农、林、牧、渔服务业 | 115 | 149 | 94 | 1268 |
| 采矿业 | 642 | 15146 | 527 | 137562 |
| 煤炭开采和洗选业 | 631 | 15135 | 519 | 137455 |
| 石油和天然气开采业 | 3 | 5 | 3 | 46 |
| 非金属矿采选业 | 7 | 6 | 5 | 60 |
| 其他采矿业 | 1 | | | |
| 制造业 | 2037 | 8911 | 1800 | 323453 |
| 农副食品加工业 | 11 | 30 | 14 | 408 |
| 食品制造业 | 19 | 46 | 21 | 1553 |
| 饮料制造业 | 23 | 199 | 14 | 892 |
| 烟草制品业 | 5 | 37 | 4 | 665 |
| 纺织业 | 8 | 39 | 7 | 983 |
| 纺织服装、鞋、帽制造业 | 1 | 12 | 8 | 350 |
| 家具制造业 | 1 | 1 | 1 | 14 |
| 造纸及纸制品业 | | | | |
| 印刷业和记录媒介的复制 | 6 | 6 | 2 | 112 |
| 文教体育用品制造业 | 5 | 106 | 12 | 539 |
| 石油加工、炼焦及核燃料加工业 | 80 | 551 | 64 | 20291 |
| 化学原料及化学制品制造业 | 390 | 1221 | 344 | 31822 |
| 医药制造业 | 121 | 517 | 54 | 6906 |
| 化学纤维制造业 | 10 | 34 | 17 | 231 |
| 橡胶制品业 | 24 | 93 | 15 | 2092 |
| 塑料制品业 | 6 | 7 | 6 | 104 |
| 非金属矿物制品业 | 78 | 419 | 106 | 5607 |
| 黑色金属冶炼及压延加工业 | 78 | 1152 | 43 | 125275 |
| 有色金属冶炼及压延加工业 | 78 | 368 | 78 | 5397 |
| 金属制品业 | 33 | 48 | 24 | 791 |
| 通用设备制造业 | 245 | 676 | 269 | 13817 |
| 专用设备制造业 | 332 | 1540 | 163 | 67667 |
| 交通运输设备制造业 | 103 | 600 | 78 | 10334 |
| 电气机械及器材制造业 | 133 | 398 | 86 | 14417 |
| 通信设备、计算机及其他电子设备制造业 | 123 | 268 | 185 | 5715 |
| 仪器仪表及文化、办公用机械制造业 | 107 | 512 | 167 | 6568 |
| 工艺品及其他制造业 | 14 | 28 | 13 | 868 |
| 废弃资源和废旧材料回收加工业 | 3 | 3 | 3 | 34 |

4-1 续表 2

| 项　　目 | 项目(课题)数(项) | 项目(课题)人员全时当量(人年) | #研究人员 | 项目(课题)经费支出(万元) |
|---|---|---|---|---|
| 电力、燃气及水的生产和供应业 | 96 | 224 | 64 | 1786 |
| 电力、热力的生产和供应业 | 78 | 192 | 46 | 1194 |
| 燃气生产和供应业 | 13 | 23 | 11 | 579 |
| 水的生产和供应业 | 5 | 9 | 6 | 13 |
| 建筑业 | 193 | 817 | 123 | 32806 |
| 房屋和土木工程建筑业 | 175 | 791 | 109 | 32707 |
| 建筑安装业 | 5 | 12 | 2 | 62 |
| 建筑装饰业 | 9 | 9 | 7 | 31 |
| 其他建筑业 | 4 | 6 | 5 | 7 |
| 交通运输、仓储和邮政业 | 8 | 13 | 11 | 51 |
| 道路运输业 | 6 | 13 | 11 | 51 |
| 航空运输业 | 1 | | | |
| 装卸搬运和其他运输服务业 | 1 | | | |
| 信息传输、计算机服务和软件业 | 168 | 340 | 135 | 1887 |
| 电信和其他信息传输服务业 | 39 | 75 | 25 | 348 |
| 计算机服务业 | 104 | 208 | 87 | 853 |
| 软件业 | 25 | 56 | 23 | 685 |
| 批发和零售业 | 2 | 2 | 2 | 22 |
| 零售业 | 2 | 2 | 2 | 22 |
| 住宿和餐饮业 | 4 | 7 | 5 | 5 |
| 住宿业 | 2 | 6 | 4 | 3 |
| 餐饮业 | 2 | 1 | 1 | 2 |
| 金融业 | 49 | 45 | 29 | 140 |
| 银行业 | 12 | 13 | 8 | 25 |
| 证券业 | 4 | 5 | 3 | 6 |
| 保险业 | 3 | 2 | 1 | 61 |
| 其他金融活动 | 30 | 25 | 17 | 48 |
| 房地产业 | 4 | 4 | 3 | 2 |
| 房地产业 | 4 | 4 | 3 | 2 |
| 租赁和商务服务业 | 262 | 207 | 105 | 1931 |
| 租赁业 | 1 | | | 7 |
| 商务服务业 | 261 | 207 | 105 | 1924 |
| 科学研究、技术服务和地质勘查业 | 1939 | 4438 | 3120 | 53146 |
| 研究与试验发展 | 1577 | 4107 | 2896 | 50345 |
| 专业技术服务业 | 114 | 169 | 108 | 1769 |
| 科技交流和推广服务业 | 205 | 92 | 68 | 419 |
| 地质勘查业 | 43 | 70 | 48 | 613 |

4-1 续表 3

| 项　　目 | 项目(课题)数(项) | 项目(课题)人员全时当量(人年) | #研究人员 | 项目(课题)经费支出(万元) |
|---|---|---|---|---|
| 水利、环境和公共设施管理业 | 260 | 346 | 205 | 2207 |
| 水利管理业 | 69 | 135 | 48 | 414 |
| 环境管理业 | 171 | 191 | 146 | 1740 |
| 公共设施管理业 | 20 | 19 | 11 | 54 |
| 居民服务和其他服务业 | 37 | 41 | 28 | 318 |
| 居民服务业 | 28 | 34 | 23 | 283 |
| 其他服务业 | 9 | 7 | 5 | 36 |
| 教育 | 905 | 572 | 437 | 440 |
| 教育 | 905 | 572 | 437 | 440 |
| 卫生、社会保障和社会福利业 | 1176 | 2164 | 1193 | 4120 |
| 卫生 | 1143 | 2138 | 1179 | 4086 |
| 社会保障业 | 33 | 27 | 14 | 33 |
| 文化、体育和娱乐业 | 426 | 245 | 182 | 1034 |
| 新闻出版业 | 10 | 7 | 6 | 38 |
| 广播、电视、电影和音像业 | 2 | 1 | 1 | 1 |
| 文化艺术业 | 343 | 191 | 142 | 929 |
| 体育 | 64 | 42 | 33 | 62 |
| 娱乐业 | 7 | 5 | 2 | 3 |
| 公共管理和社会组织 | 327 | 228 | 158 | 534 |
| 中国共产党机关 | 25 | 15 | 12 | 26 |
| 国家机构 | 272 | 194.8 | 130.1 | 492.9 |
| 人民政协和民主党派 | 2 | 1 | 1 | 1 |
| 群众团体、社会团体和宗教组织 | 14 | 10 | 7 | 8 |
| 基层群众自治组织 | 14 | 8 | 8 | 6 |
| 国际组织 | 1 | 1 | 1 | |
| 国际组织 | 1 | 1 | 1 | |
| **七、按地区分组** | | | | |
| 太原市 | 6176 | 16408 | 6350 | 312817 |
| 大同市 | 421 | 6159 | 498 | 35717 |
| 阳泉市 | 107 | 1261 | 43 | 29194 |
| 长治市 | 447 | 4204 | 217 | 40491 |
| 晋城市 | 51 | 1326 | 27 | 24917 |
| 朔州市 | 36 | 105 | 10 | 9190 |
| 晋中市 | 549 | 2545 | 746 | 47779 |
| 运城市 | 218 | 1068 | 232 | 26720 |
| 忻州市 | 145 | 250 | 107 | 1797 |
| 临汾市 | 1092 | 1228 | 527 | 31712 |
| 吕梁市 | 105 | 474 | 48 | 9595 |

# 4-2 企业研究与试验发展(R&D)项目(课题)

| 项　　目 | 项目(课题)数(项) | 项目(课题)人员全时当量(人年) | #研究人员 | 项目(课题)经费支出(万元) |
|---|---|---|---|---|
| **总　　计** | **1698** | **23564** | **1159** | **474797** |
| **一、按项目活动类型分组** | | | | |
| 基础研究 | 4 | 15 | 1 | 108 |
| 应用研究 | 108 | 1912 | 80 | 23735 |
| 试验发展 | 1586 | 21637 | 1078 | 450954 |
| **二、按项目合作形式分组** | | | | |
| 与境外机构合作 | 12 | 138 | 11 | 5585 |
| 与国内高校合作 | 293 | 5386 | 170 | 53035 |
| 与国内独立研究机构合作 | 212 | 5107 | 68 | 68692 |
| 与境内注册外商独资企业合作 | 6 | 32 | 9 | 233 |
| 与境内注册其他企业合作 | 138 | 2597 | 155 | 43557 |
| 独立完成 | 987 | 9624 | 674 | 291926 |
| 其他 | 50 | 680 | 72 | 11769 |
| **三、按项目来源分组** | | | | |
| 国家科技项目 | 78 | 1534 | 216 | 43424 |
| 地方科技项目 | 78 | 645 | 102 | 27013 |
| 企业委托科技项目 | 43 | 350 | 21 | 9622 |
| 自选科技项目 | 1481 | 20738 | 735 | 390516 |
| 来自国外的科技项目 | 5 | 15 | 1 | 379 |
| 其它科技项 | 13 | 281 | 84 | 3843 |
| **四、按学科分组** | | | | |
| 农业科学 | 14 | 32 | 6 | 878 |
| 工程与技术科学 | 1684 | 23532 | 1153 | 473919 |
| **五、按项目的社会经济目标分组** | | | | |
| 环境保护及污染防治 | 55 | 709 | 25 | 8269 |
| 促进能源的生产、分配和合理利用 | 147 | 2306 | 302 | 39724 |
| 基础设施以及城市和农村规划 | 112 | 656 | 53 | 32222 |
| 社会发展和社会服务 | 43 | 233 | 14 | 2810 |
| 促进农林牧渔业发展 | 12 | 25 | 4 | 659 |
| 促进工商业发展 | 1314 | 19191 | 739 | 387398 |
| 非定向研究 | 15 | 445 | 22 | 3716 |

4-2 续表 1

| 项　　目 | 项目(课题)数(项) | 项目(课题)人员全时当量(人年) | #研究人员 | 项目(课题)经费支出(万元) |
|---|---|---|---|---|
| **六、按项目服务的国民经济行业分组** | | | | |
| 农、林、牧、渔业 | 14 | 32 | 6 | 878 |
| 农业 | 9 | 11 | | 440 |
| 林业 | 1 | 5 | 2 | 49 |
| 畜牧业 | 4 | 16 | 5 | 389 |
| 采矿业 | 503 | 14949 | 366 | 135668 |
| 煤炭开采和洗选业 | 503 | 14949 | 366 | 135668 |
| 制造业 | 988 | 7531 | 725 | 302361 |
| 农副食品加工业 | 3 | 20 | 6 | 362 |
| 食品制造业 | 7 | 35 | 11 | 1458 |
| 饮料制造业 | 18 | 192 | 9 | 859 |
| 烟草制品业 | 5 | 37 | 4 | 665 |
| 纺织业 | 5 | 36 | 5 | 965 |
| 纺织服装、鞋、帽制造业 | 1 | 12 | 8 | 350 |
| 印刷业和记录媒介的复制 | 5 | 4 | | 111 |
| 文教体育用品制造业 | 2 | 103 | 10 | 497 |
| 石油加工、炼焦及核燃料加工业 | 46 | 500 | 33 | 18511 |
| 化学原料及化学制品制造业 | 125 | 860 | 75 | 26570 |
| 医药制造业 | 92 | 484 | 24 | 6666 |
| 化学纤维制造业 | | | | |
| 橡胶制品业 | 21 | 90 | 13 | 2083 |
| 塑料制品业 | 1 | 1 | 1 | 50 |
| 非金属矿物制品业 | 34 | 360 | 57 | 4968 |
| 黑色金属冶炼及压延加工业 | 66 | 1142 | 35 | 125246 |
| 有色金属冶炼及压延加工业 | 39 | 324 | 37 | 5047 |
| 金属制品业 | 7 | 24 | 3 | 632 |
| 通用设备制造业 | 80 | 448 | 104 | 11002 |
| 专用设备制造业 | 251 | 1446 | 86 | 66784 |
| 交通运输设备制造业 | 70 | 519 | 30 | 9180 |
| 电气机械及器材制造业 | 61 | 318 | 11 | 13027 |
| 通信设备、计算机及其他电子设备制造业 | 19 | 145 | 71 | 2135 |
| 仪器仪表及文化、办公用机械制造业 | 30 | 432 | 93 | 5196 |

4–2 续表 2

| 项 目 | 项目(课题)数(项) | 项目(课题)人员全时当量(人年) | #研究人员 | 项目(课题)经费支出(万元) |
|---|---|---|---|---|
| 电力、燃气及水的生产和供应业 | 26 | 142 | 9 | 945 |
| 电力、热力的生产和供应业 | 26 | 142 | 9 | 945 |
| 建筑业 | 122 | 664 | 37 | 32096 |
| 房屋和土木工程建筑业 | 119 | 654 | 36 | 32046 |
| 建筑安装业 | 3 | 10 | | 50 |
| 信息传输、计算机服务和软件业 | 25 | 163 | 9 | 1099 |
| 电信和其他信息传输服务业 | 12 | 48 | 2 | 233 |
| 计算机服务业 | 10 | 89 | 5 | 420 |
| 软件业 | 3 | 26 | 2 | 446 |
| 金融业 | 1 | 1 | | 61 |
| 保险业 | 1 | 1 | | 61 |
| 租赁和商务服务业 | 16 | 65 | 3 | 1602 |
| 商务服务业 | 16 | 65 | 3 | 1602 |
| 科学研究、技术服务和地质勘查业 | 1 | 9 | 1 | 38 |
| 专业技术服务业 | 1 | 9 | 1 | 38 |
| 水利、环境和公共设施管理业 | 1 | 2 | 2 | 25 |
| 公共设施管理业 | 1 | 2 | 2 | 25 |
| 卫生、社会保障和社会福利业 | 1 | 5 | 1 | 26 |
| 卫生 | 1 | 5 | 1 | 26 |
| **七、按地区分组** | | | | |
| 太原市 | 668 | 8051 | 595 | 237817 |
| 大同市 | 114 | 5509 | 58 | 28326 |
| 阳泉市 | 106 | 1258 | 41 | 29186 |
| 长治市 | 287 | 3960 | 75 | 39781 |
| 晋城市 | 49 | 1320 | 26 | 24889 |
| 朔州市 | 32 | 98 | 6 | 9159 |
| 晋中市 | 122 | 1487 | 191 | 38110 |
| 运城市 | 144 | 935 | 114 | 25900 |
| 忻州市 | 9 | 90 | 8 | 1463 |
| 临汾市 | 114 | 558 | 36 | 30673 |
| 吕梁市 | 53 | 299 | 10 | 9493 |

# 4-3 工业企业研究与试验发展(R&D)项目（课题）

| 项　　目 | 项目(课题)数(项) | 项目(课题)人员全时当量(人年) | #研究人员 | 项目(课题)经费支出(万元) |
|---|---|---|---|---|
| **总　　计** | **1494** | **22104** | **830** | **433326** |
| **一、按项目活动类型分组** | | | | |
| 基础研究 | 4 | 15 | 1 | 108 |
| 应用研究 | 84 | 1753 | 27 | 22918 |
| 试验发展 | 1406 | 20337 | 802 | 410299 |
| **二、按项目合作形式分组** | | | | |
| 与境外机构合作 | 12 | 138 | 11 | 5585 |
| 与国内高校合作 | 268 | 5277 | 157 | 47247 |
| 与国内独立研究机构合作 | 209 | 5080 | 60 | 66817 |
| 与境内注册外商独资企业合作 | 1 | 14 | 8 | 53 |
| 与境内注册其他企业合作 | 125 | 2387 | 53 | 36556 |
| 独立完成 | 842 | 8658 | 485 | 269830 |
| 其他 | 37 | 550 | 55 | 7238 |
| **三、按项目来源分组** | | | | |
| 国家科技项目 | 67 | 1254 | 67 | 37873 |
| 地方科技项目 | 66 | 522 | 43 | 26432 |
| 企业委托科技项目 | 37 | 320 | 20 | 7447 |
| 自选科技项目 | 1310 | 19740 | 616 | 357713 |
| 来自国外的科技项目 | 5 | 15 | 1 | 379 |
| 其它科技项 | 9 | 253 | 83 | 3481 |
| **四、按项目的社会经济目标分组** | | | | |
| 环境保护及污染防治 | 51 | 692 | 18 | 8053 |
| 促进能源的生产、分配和合理利用 | 118 | 1819 | 57 | 34337 |
| 促进工商业发展 | 1310 | 19498.8 | 733 | 387219 |
| 非定向研究 | 15 | 445 | 22 | 3716 |
| **五、按项目服务的国民经济行业分组** | | | | |
| 采矿业 | 485 | 14478 | 107 | 130209 |
| 煤炭开采和洗选业 | 485 | 14478 | 107 | 130209 |
| 制造业 | 986 | 7517 | 718 | 302313 |
| 农副食品加工业 | 3 | 20 | 6 | 362 |
| 食品制造业 | 7 | 35 | 11 | 1458 |
| 饮料制造业 | 18 | 192 | 9 | 859 |
| 烟草制品业 | 5 | 37 | 4 | 665 |

4–3 续表

| 项　　目 | 项目(课题)数(项) | 项目(课题)人员全时当量(人年) | #研究人员 | 项目(课题)经费支出(万元) |
|---|---|---|---|---|
| 纺织业 | 5 | 36 | 5 | 965 |
| 纺织服装、鞋、帽制造业 | 1 | 12 | 8 | 350 |
| 印刷业和记录媒介的复制 | 5 | 4 |  | 111 |
| 文教体育用品制造业 | 2 | 103 | 10 | 497 |
| 石油加工、炼焦及核燃料加工业 | 46 | 500 | 33 | 18511 |
| 化学原料及化学制品制造业 | 125 | 860 | 75 | 26570 |
| 医药制造业 | 92 | 484 | 24 | 6666 |
| 化学纤维制造业 |  |  |  |  |
| 橡胶制品业 | 21 | 90 | 13 | 2083 |
| 塑料制品业 | 1 | 1 | 1 | 50 |
| 非金属矿物制品业 | 33 | 354 | 51 | 4940 |
| 黑色金属冶炼及压延加工业 | 66 | 1142 | 35 | 125246 |
| 有色金属冶炼及压延加工业 | 39 | 324 | 37 | 5047 |
| 金属制品业 | 7 | 24 | 3 | 632 |
| 通用设备制造业 | 80 | 448 | 104 | 11002 |
| 专用设备制造业 | 251 | 1446 | 86 | 66784 |
| 交通运输设备制造业 | 70 | 519 | 30 | 9180 |
| 电气机械及器材制造业 | 60 | 310 | 10 | 13006 |
| 通信设备、计算机及其他电子设备制造业 | 19 | 145 | 71 | 2135 |
| 仪器仪表及文化、办公用机械制造业 | 30 | 432 | 93 | 5196 |
| 电力、燃气及水的生产和供应业 | 23 | 109 | 4 | 804 |
| 电力、热力的生产和供应业 | 23 | 109 | 4 | 804 |
| **六、按地区分组** |  |  |  |  |
| 太原市 | 513 | 6755 | 292 | 205726 |
| 大同市 | 114 | 5509 | 58 | 28326 |
| 阳泉市 | 104 | 1254 | 40 | 28901 |
| 长治市 | 277 | 3905 | 63 | 39294 |
| 晋城市 | 48 | 1315 | 25 | 24840 |
| 朔州市 | 32 | 98 | 6 | 9159 |
| 晋中市 | 117 | 1427 | 184 | 31734 |
| 运城市 | 141 | 923 | 110 | 25856 |
| 忻州市 | 9 | 90 | 8 | 1463 |
| 临汾市 | 86 | 532 | 35 | 28534 |
| 吕梁市 | 53 | 299 | 10 | 9493 |

## 4-4 非工业企业研究与试验发展(R&D)项目(课题)

| 项　目 | 项目(课题)数(项) | 项目(课题)人员全时当量(人年) | #研究人员 | 项目(课题)经费支出(万元) |
|---|---|---|---|---|
| **总　计** | **204** | **1459** | **329** | **41471** |
| **一、按项目活动类型分组** | | | | |
| 基础研究 | | | | |
| 应用研究 | 24 | 159 | 53 | 816 |
| 试验发展 | 180 | 1300 | 276 | 40655 |
| R&D成果应用 | | | | |
| 科技服务 | | | | |
| **二、按项目合作形式分组** | | | | |
| 与境外机构合作 | | | | |
| 与国内高校合作 | 25 | 109 | 12 | 5787 |
| 与国内独立研究机构合作 | 3 | 27 | 8 | 1875 |
| 与境内注册外商独资企业合作 | 5 | 18 | | 181 |
| 与境内注册其他企业合作 | 13 | 209 | 102 | 7001 |
| 独立完成 | 145 | 966 | 189 | 22097 |
| 其他 | 13 | 130 | 17 | 4531 |
| **三、按项目来源分组** | | | | |
| 国家科技项目 | 11 | 281 | 149 | 5550 |
| 地方科技项目 | 12 | 122 | 59 | 581 |
| 企业委托科技项目 | 6 | 30 | | 2175 |
| 自选科技项目 | 171 | 998 | 119 | 32804 |
| 来自国外的科技项目 | | | | |
| 其它科技项 | 4 | 29 | 2 | 362 |
| **四、按项目的社会经济目标分组** | | | | |
| 环境保护及污染防治 | 4 | 17 | 7 | 215 |
| 促进能源的生产、分配和合理利用 | 29 | 487 | 244 | 5387 |
| 基础设施以及城市和农村规划 | 112 | 656 | 53 | 32222 |
| 社会发展和社会服务 | 43 | 233 | 14 | 2810 |
| 促进农林牧渔业发展 | 12 | 25 | 4 | 659 |
| 促进工商业发展 | 4 | 42 | 6 | 179 |
| **五、按项目服务的国民经济行业分组** | | | | |
| 农、林、牧、渔业 | 14 | 32 | 6 | 878 |
| 农业 | 9 | 11 | | 440 |
| 林业 | 1 | 5 | 2 | 49 |
| 畜牧业 | 4 | 16 | 5 | 389 |

4-4 续表

| 项　目 | 项目(课题)数(项) | 项目(课题)人员全时当量(人年) | #研究人员 | 项目(课题)经费支出(万元) |
|---|---|---|---|---|
| 采矿业 | 18 | 471 | 259 | 5459 |
| 煤炭开采和洗选业 | 18 | 471 | 259 | 5459 |
| 制造业 | 2 | 14 | 7 | 48 |
| 非金属矿物制品业 | 1 | 6 | 6 | 28 |
| 电气机械及器材制造业 | 1 | 8 | 1 | 20 |
| 电力、燃气及水的生产和供应业 | 3 | 33 | 5 | 141 |
| 电力、热力的生产和供应业 | 3 | 33 | 5 | 141 |
| 建筑业 | 122 | 664 | 37 | 32096 |
| 房屋和土木工程建筑业 | 119 | 654 | 36 | 32046 |
| 建筑安装业 | 3 | 10 | | 50 |
| 信息传输、计算机服务和软件业 | 25 | 163 | 9 | 1099 |
| 电信和其他信息传输服务业 | 12 | 48 | 2 | 233 |
| 计算机服务业 | 10 | 89 | 5 | 420 |
| 软件业 | 3 | 26 | 2 | 446 |
| 金融业 | 1 | 1 | | 61 |
| 保险业 | 1 | 1 | | 61 |
| 租赁和商务服务业 | 16 | 65 | 3 | 1602 |
| 商务服务业 | 16 | 65 | 3 | 1602 |
| 科学研究、技术服务和地质勘查业 | 1 | 9 | 1 | 38 |
| 专业技术服务业 | 1 | 9 | 1 | 38 |
| 水利、环境和公共设施管理业 | 1 | 2 | 2 | 25 |
| 公共设施管理业 | 1 | 2 | 2 | 25 |
| 卫生、社会保障和社会福利业 | 1 | 5 | 1 | 26 |
| 卫生 | 1 | 5 | 1 | 26 |
| **六、按学科分组** | | | | |
| 农业科学 | 14 | 32 | 6 | 878 |
| 工程与技术科学 | 190 | 1428 | 323 | 40594 |
| **七、按地区分组** | | | | |
| 太原市 | 155 | 1296 | 303 | 32091 |
| 阳泉市 | 2 | 4 | 2 | 285 |
| 长治市 | 10 | 55 | 11 | 487 |
| 晋城市 | 1 | 5 | 2 | 49 |
| 晋中市 | 5 | 60 | 7 | 6377 |
| 运城市 | 3 | 13 | 3 | 43 |
| 临汾市 | 28 | 27 | 1 | 2139 |

# 4-5 政府属研究机构研究与试验发展(R&D)项目（课题）

| 项　　目 | 项目(课题)数(项) | 项目(课题)人员全时当量(人年) | #研究人员 | 项目(课题)经费支出(万元) |
|---|---|---|---|---|
| **总　　计** | **940** | **4219** | **2510** | **55414** |
| **一、按项目活动类型分组** | | | | |
| 基础研究 | 45 | 312 | 253 | 1418 |
| 应用研究 | 397 | 1860 | 1108 | 34021 |
| 试验发展 | 498 | 2048 | 1149 | 19975 |
| **二、按项目合作形式分组** | | | | |
| 与境外机构合作 | 8 | 30 | 23 | 569 |
| 与国内高校合作 | 22 | 56 | 28 | 462 |
| 与国内独立研究机构合作 | 45 | 85 | 43 | 847 |
| 与境内注册外商独资企业合作 | 1 | 1 | 1 | 59 |
| 与境内注册其他企业合作 | 33 | 93 | 55 | 1964 |
| 独立完成 | 826 | 3946 | 2358 | 51469 |
| 其他 | 5 | 8 | 3 | 44 |
| **三、按项目来源分组** | | | | |
| 国家科技项目 | 213 | 411 | 188 | 6897 |
| 地方科技项目 | 416 | 870 | 414 | 4427 |
| 企业委托科技项目 | 34 | 66 | 31 | 1766 |
| 自选科技项目 | 71 | 249 | 164 | 1764 |
| 来自国外的科技项目 | 11 | 27 | 14 | 238 |
| 其它科技项 | 85 | 162 | 73 | 1021 |
| **四、按学科分组** | | | | |
| 自然科学 | 118 | 214 | 89 | 3271 |
| 农业科学 | 421 | 775 | 360 | 4232 |
| 医药科学 | 73 | 151 | 74 | 654 |
| 工程与技术科学 | 306 | 2913 | 1866 | 46374 |
| 人文与社会科学 | 22 | 166 | 122 | 884 |
| **五、按项目的社会经济目标分组** | | | | |
| 环境保护及污染防治 | 43 | 69 | 34 | 334 |
| 促进能源的生产、分配和合理利用 | 120 | 237 | 108 | 5472 |
| 促进卫生事业的发展 | 71 | 145 | 73 | 626 |
| 促进教育事业的发展 | 1 | 3 | | 18 |
| 基础设施以及城市和农村规划 | 25 | 112 | 57 | 565 |

4–5　续表 1

| 项　　目 | 项目(课题)数(项) | 项目(课题)人员全时当量(人年) | #研究人员 | 项目(课题)经费支出(万元) |
|---|---|---|---|---|
| 社会发展和社会服务 | 17 | 117 | 72 | 691 |
| 民用空间的探测及开发 | 1 | 2 | 1 | 14 |
| 促进农林牧渔业发展 | 431 | 799 | 380 | 4515 |
| 促进工商业发展 | 74 | 177 | 96 | 2093 |
| 非定向研究 | 12 | 44 | 33 | 224 |
| 其他民用目标 | 13 | 19 | 7 | 145 |
| 国防 | 132 | 2494 | 1649 | 40719 |
| **六、按项目服务的国民经济行业分组** | | | | |
| 农、林、牧、渔业 | 451 | 827 | 397 | 4593 |
| 农业 | 392 | 733 | 349 | 4074 |
| 林业 | 4 | 9 | 4 | 25 |
| 畜牧业 | 11 | 18 | 8 | 77 |
| 农、林、牧、渔服务业 | 44 | 68 | 35 | 417 |
| 采矿业 | 2 | 3 | 1 | 63 |
| 煤炭开采和洗选业 | 1 | 1 | | 25 |
| 石油和天然气开采业 | 1 | 2 | | 38 |
| 制造业 | 135 | 320 | 160 | 6434 |
| 农副食品加工业 | 2 | 6 | 3 | 37 |
| 食品制造业 | 1 | 1 | 1 | 4 |
| 饮料制造业 | 2 | 5 | 3 | 28 |
| 石油加工、炼焦及核燃料加工业 | 22 | 41 | 23 | 1738 |
| 化学原料及化学制品制造业 | 60 | 130 | 67 | 1959 |
| 医药制造业 | 3 | 5 | 2 | 40 |
| 化学纤维制造业 | 5 | 30 | 12 | 203 |
| 塑料制品业 | 2 | 2 | 1 | 27 |
| 非金属矿物制品业 | 10 | 13 | 7 | 313 |
| 通用设备制造业 | 1 | 1 | 0 | 21 |
| 专用设备制造业 | 3 | 7 | 2 | 117 |
| 交通运输设备制造业 | 12 | 56 | 29 | 1092 |
| 电气机械及器材制造业 | 3 | 2 | 1 | 5 |
| 仪器仪表及文化、办公用机械制造业 | 1 | 1 | | 8 |
| 工艺品及其他制造业 | 8 | 21 | 8 | 842 |

4-5 续表 2

| 项　　目 | 项目(课题)数(项) | 项目(课题)人员全时当量(人年) | #研究人员 | 项目(课题)经费支出(万元) |
|---|---|---|---|---|
| 电力、燃气及水的生产和供应业 | 18 | 30 | 14 | 640 |
| 电力、热力的生产和供应业 | 4 | 4 | 1 | 51 |
| 燃气生产和供应业 | 13 | 23 | 11 | 579 |
| 水的生产和供应业 | 1 | 2 | 1 | 10 |
| 建筑业 | 23 | 94 | 42 | 502 |
| 房屋和土木工程建筑业 | 23 | 94 | 42 | 502 |
| 交通运输、仓储和邮政业 | 2 | 9 | 8 | 30 |
| 道路运输业 | 2 | 9 | 8 | 30 |
| 科学研究、技术服务和地质勘查业 | 217 | 2740 | 1803 | 41931 |
| 研究与试验发展 | 211 | 2724 | 1798 | 41841 |
| 专业技术服务业 | 3 | 6 | 2 | 48 |
| 科技交流和推广服务业 | 3 | 11 | 3 | 43 |
| 水利、环境和公共设施管理业 | 16 | 26 | 10 | 201 |
| 水利管理业 | 1 | 6 | 2 | 22 |
| 环境管理业 | 15 | 20 | 8 | 180 |
| 教育 | 1 | 3 |  | 18 |
| 教育 | 1 | 3 |  | 18 |
| 卫生、社会保障和社会福利业 | 70 | 142 | 72 | 610 |
| 卫生 | 70 | 142 | 72 | 610 |
| 文化、体育和娱乐业 | 5 | 27 | 5 | 393 |
| 新闻出版业 | 1 | 3 | 2 | 33 |
| 文化艺术业 | 4 | 24 | 3 | 359 |
| **七、按地区分组** |  |  |  |  |
| 太原市 | 597 | 2740 | 1680 | 38947 |
| 大同市 | 50 | 460 | 301 | 6815 |
| 阳泉市 | 1 | 3 | 2 | 8 |
| 长治市 | 46 | 113 | 31 | 636 |
| 晋城市 | 2 | 6 | 1 | 28 |
| 朔州市 | 4 | 7 | 4 | 31 |
| 晋中市 | 80 | 577 | 299 | 7367 |
| 运城市 | 45 | 101 | 88 | 798 |
| 忻州市 | 32 | 47 | 12 | 225 |
| 临汾市 | 58 | 118 | 60 | 478 |
| 吕梁市 | 25 | 48 | 34 | 80 |

# 4-6 高等学校研究与试验发展(R&D)项目(课题)

| 项目 | 项目(课题)数(项) | 项目(课题)人员全时当量(人年) | #研究人员 | 项目(课题)经费支出(万元) |
|---|---|---|---|---|
| **总计** | **6503** | **6358** | **5017** | **37165** |
| **一、按项目活动类型分组** | | | | |
| 基础研究 | 2782 | 2630 | 2051 | 12552 |
| 应用研究 | 3539 | 3565 | 2823 | 22863 |
| 试验发展 | 182 | 164 | 144 | 1750 |
| R&D成果应用 | | | | |
| 科技服务 | | | | |
| **二、按项目合作形式分组** | | | | |
| 与境外机构合作 | 25 | 33 | 30 | 297 |
| 与国内高校合作 | 174 | 138 | 108 | 1243 |
| 与国内独立研究机构合作 | 46 | 60 | 46 | 444 |
| 与境内注册外商独资企业合作 | 1 | | | 1 |
| 与境内注册其他企业合作 | 243 | 157 | 131 | 2138 |
| 独立完成 | 5900 | 5885 | 4644 | 32413 |
| 其他 | 114 | 85 | 59 | 630 |
| **三、按项目来源分组** | | | | |
| 国家科技项目 | 1039 | 1409 | 1164 | 12910 |
| 地方科技项目 | 2284 | 2157 | 1665 | 6763 |
| 企业委托科技项目 | 1804 | 1817 | 1448 | 16416 |
| 自选科技项目 | 1292 | 885 | 661 | 675 |
| 来自国外的科技项目 | 19 | 16 | 15 | 250 |
| 其它科技项 | 65 | 75 | 64 | 150 |
| **四、按学科分组** | | | | |
| 自然科学 | 914 | 971 | 844 | 7849 |
| 农业科学 | 219 | 265 | 173 | 1683 |
| 医药科学 | 912 | 1315 | 1032 | 2793 |
| 工程与技术科学 | 2311 | 2554 | 2022 | 22695 |
| 人文与社会科学 | 2147 | 1252 | 946 | 2145 |
| **五、按项目的社会经济目标分组** | | | | |
| 环境保护及污染防治 | 175 | 193 | 142 | 1245 |
| 促进能源的生产、分配和合理利用 | 206 | 245 | 207 | 3211 |
| 促进卫生事业的发展 | 905 | 1305 | 1025 | 2778 |
| 促进教育事业的发展 | 903 | 622 | 465 | 457 |
| 基础设施以及城市和农村规划 | 88 | 61 | 45 | 345 |
| 社会发展和社会服务 | 827 | 473 | 353 | 927 |
| 地球和大气层的探索与利用 | 45 | 54 | 48 | 237 |
| 民用空间的探测及开发 | 4 | 4 | 4 | 10 |
| 促进农林牧渔业发展 | 216 | 278 | 181 | 1632 |

4-6 续表1

| 项　　目 | 项目(课题)数(项) | 项目(课题)人员全时当量(人年) | #研究人员 | 项目(课题)经费支出(万元) |
|---|---|---|---|---|
| 促进工商业发展 | 1580 | 1843 | 1472 | 17886 |
| 非定向研究 | 1407 | 1126 | 932 | 6469 |
| 其他民用目标 | 7 | 4 | 3 | 5 |
| 国防 | 140 | 150 | 141 | 1963 |
| **六、按项目服务的国民经济行业分组** | | | | |
| 农、林、牧、渔业 | 341 | 398 | 267 | 2899 |
| 农业 | 172 | 233 | 150 | 1108 |
| 林业 | 20 | 17 | 11 | 164 |
| 畜牧业 | 80 | 77 | 51 | 802 |
| 农、林、牧、渔服务业 | 69 | 71 | 55 | 824 |
| 采矿业 | 136 | 176 | 146 | 1713 |
| 煤炭开采和洗选业 | 126 | 166 | 138 | 1645 |
| 石油和天然气开采业 | 2 | 3 | 2 | 8 |
| 非金属矿采选业 | 7 | 6 | 5 | 60 |
| 其他采矿业 | 1 | | | |
| 制造业 | 912 | 1058 | 914 | 14643 |
| 农副食品加工业 | 6 | 5 | 5 | 9 |
| 食品制造业 | 11 | 10 | 9 | 91 |
| 饮料制造业 | 3 | 2 | 2 | 4 |
| 纺织业 | 3 | 2 | 2 | 18 |
| 家具制造业 | 1 | 1 | 1 | 14 |
| 印刷业和记录媒介的复制 | 1 | 2 | 2 | 1 |
| 文教体育用品制造业 | 3 | 3 | 3 | 43 |
| 石油加工、炼焦及核燃料加工业 | 12 | 10 | 8 | 42 |
| 化学原料及化学制品制造业 | 204 | 230 | 201 | 3288 |
| 医药制造业 | 26 | 28 | 28 | 200 |
| 化学纤维制造业 | 5 | 5 | 4 | 28 |
| 橡胶制品业 | 3 | 4 | 3 | 9 |
| 塑料制品业 | 3 | 5 | 4 | 27 |
| 非金属矿物制品业 | 34 | 47 | 42 | 327 |
| 黑色金属冶炼及压延加工业 | 12 | 10 | 8 | 29 |
| 有色金属冶炼及压延加工业 | 39 | 45 | 42 | 351 |
| 金属制品业 | 26 | 24 | 21 | 160 |
| 通用设备制造业 | 164 | 227 | 165 | 2793 |
| 专用设备制造业 | 78 | 87 | 74 | 767 |
| 交通运输设备制造业 | 21 | 24 | 20 | 62 |
| 电气机械及器材制造业 | 69 | 79 | 75 | 1386 |

4-6 续表2

| 项 目 | 项目(课题)数(项) | 项目(课题)人员全时当量(人年) | #研究人员 | 项目(课题)经费支出(万元) |
|---|---|---|---|---|
| 通信设备、计算机及其他电子设备制造业 | 104 | 123 | 115 | 3580 |
| 仪器仪表及文化、办公用机械制造业 | 75 | 78 | 74 | 1354 |
| 工艺品及其他制造业 | 6 | 7 | 5 | 26 |
| 废弃资源和废旧材料回收加工业 | 3 | 3 | 3 | 34 |
| 电力、燃气及水的生产和供应业 | 52 | 52 | 41 | 202 |
| 电力、热力的生产和供应业 | 48 | 45 | 36 | 198 |
| 水的生产和供应业 | 4 | 7 | 5 | 3 |
| 建筑业 | 46 | 41 | 36 | 139 |
| 房屋和土木工程建筑业 | 31 | 25 | 23 | 89 |
| 建筑安装业 | 2 | 2 | 2 | 12 |
| 建筑装饰业 | 9 | 9 | 7 | 31 |
| 其他建筑业 | 4 | 6 | 5 | 7 |
| 交通运输、仓储和邮政业 | 5 | 2 | 2 | 11 |
| 道路运输业 | 3 | 2 | 2 | 11 |
| 航空运输业 | 1 | | | |
| 装卸搬运和其他运输服务业 | 1 | | | |
| 信息传输、计算机服务和软件业 | 143 | 177 | 126 | 788 |
| 电信和其他信息传输服务业 | 27 | 27 | 22 | 115 |
| 计算机服务业 | 94 | 119 | 83 | 434 |
| 软件业 | 22 | 30 | 21 | 239 |
| 批发和零售业 | 2 | 2 | 2 | 22 |
| 零售业 | 2 | 2 | 2 | 22 |
| 住宿和餐饮业 | 4 | 7 | 5 | 5 |
| 住宿业 | 2 | 6 | 4 | 3 |
| 餐饮业 | 2 | 1 | 1 | 2 |
| 金融业 | 48 | 44 | 29 | 79 |
| 银行业 | 12 | 13 | 8 | 25 |
| 证券业 | 4 | 5 | 3 | 6 |
| 保险业 | 2 | 1 | 1 | 0 |
| 其他金融活动 | 30 | 25 | 17 | 48 |
| 房地产业 | 4 | 4 | 3 | 2 |
| 房地产业 | 4 | 4 | 3 | 2 |
| 租赁和商务服务业 | 246 | 142 | 102 | 329 |
| 租赁业 | 1 | | | 7 |
| 商务服务业 | 245 | 142 | 102 | 322 |
| 科学研究、技术服务和地质勘查业 | 1703 | 1600 | 1288 | 9756 |
| 研究与试验发展 | 1365 | 1373 | 1094 | 8074 |
| 专业技术服务业 | 96 | 100 | 87 | 932 |
| 科技交流和推广服务业 | 202 | 81 | 65 | 376 |
| 地质勘查业 | 40 | 46 | 42 | 374 |

4-6 续表 3

| 项 目 | 项目(课题)数(项) | 项目(课题)人员全时当量(人年) | #研究人员 | 项目(课题)经费支出(万元) |
|---|---|---|---|---|
| 水利、环境和公共设施管理业 | 230 | 238 | 189 | 1858 |
| 水利管理业 | 57 | 53 | 43 | 285 |
| 环境管理业 | 155 | 169 | 137 | 1552 |
| 公共设施管理业 | 18 | 16 | 9 | 21 |
| 居民服务和其他服务业 | 37 | 41 | 28 | 318 |
| 居民服务业 | 28 | 34 | 23 | 283 |
| 其他服务业 | 9 | 7 | 5 | 36 |
| 教育 | 904 | 569 | 437 | 422 |
| 教育 | 904 | 569 | 437 | 422 |
| 卫生、社会保障和社会福利业 | 942 | 1364 | 1069 | 2812 |
| 卫生 | 909 | 1337 | 1055 | 2779 |
| 社会保障业 | 33 | 27 | 14 | 33 |
| 文化、体育和娱乐业 | 420 | 217 | 177 | 633 |
| 新闻出版业 | 9 | 4 | 4 | 5 |
| 广播、电视、电影和音像业 | 2 | 1 | 1 | 1 |
| 文化艺术业 | 338 | 166 | 138 | 563 |
| 体育 | 64 | 42 | 33 | 62 |
| 娱乐业 | 7 | 5 | 2 | 3 |
| 公共管理和社会组织 | 327 | 228 | 158 | 534 |
| 中国共产党机关 | 25 | 15 | 12 | 26 |
| 国家机构 | 272 | 195 | 130 | 493 |
| 人民政协和民主党派 | 2 | 1 | 1 | 1 |
| 群众团体、社会团体和宗教组织 | 14 | 10 | 7 | 8 |
| 基层群众自治组织 | 14 | 8 | 8 | 6 |
| 国际组织 | 1 | 1 | 1 | |
| 国际组织 | 1 | 1 | 1 | |
| **七、按地区分组** | | | | |
| 太原市 | 4771 | 5036 | 3981 | 34142 |
| 大同市 | 253 | 146 | 130 | 225 |
| 长治市 | 114 | 131 | 112 | 73 |
| 晋中市 | 327 | 374 | 252 | 2180 |
| 运城市 | 29 | 32 | 30 | 22 |
| 忻州市 | 99 | 95 | 83 | 41 |
| 临汾市 | 908 | 544 | 430 | 482 |
| 吕梁市 | 2 | 1 | 1 | |

# 4-7 其他事业单位研究与试验发展(R&D)项目(课题)

| 项　　目 | 项目(课题)数(项) | 项目(课题)人员全时当量(人年) | #研究人员 | 项目(课题)经费支出(万元) |
|---|---|---|---|---|
| **总　　计** | **206** | **885** | **118** | **2552** |
| **一、按项目活动类型分组** | | | | |
| 基础研究 | 19 | 33 | 1 | 22 |
| 应用研究 | 171 | 786 | 93 | 2213 |
| 试验发展 | 16 | 66 | 25 | 317 |
| **二、按项目合作形式分组** | | | | |
| 与境外机构合作 | 3 | 23 | 7 | 482 |
| 与国内高校合作 | 12 | 47 | 15 | 265 |
| 与国内独立研究机构合作 | 14 | 41 | 8 | 231 |
| 与境内注册其他企业合作 | 1 | 1 | | 2 |
| 独立完成 | 169 | 694 | 73 | 1436 |
| 其他 | 7 | 81 | 15 | 136 |
| **三、按项目来源分组** | | | | |
| 国家科技项目 | 14 | 65 | 31 | 325 |
| 地方科技项目 | 118 | 536 | 42 | 572 |
| 企业委托科技项目 | 2 | 8 | | 22 |
| 自选科技项目 | 67 | 252 | 39 | 1141 |
| 来自国外的科技项目 | 3 | 23 | 7 | 482 |
| 其它科技项 | 2 | 2 | | 10 |
| **四、按项目的社会经济目标分组** | | | | |
| 环境保护及污染防治 | 5 | 37 | 19 | 260 |
| 促进能源的生产、分配和合理利用 | 2 | 19 | 6 | 530 |
| 促进卫生事业的发展 | 159 | 642 | 47 | 654 |
| 促进教育事业的发展 | 3 | 7 | 3 | 25 |
| 基础设施以及城市和农村规划 | 7 | 40 | 8 | 107 |
| 社会发展和社会服务 | 3 | 31 | 6 | 210 |
| 地球和大气层的探索与利用 | 7 | 11 | 5 | 113 |
| 民用空间的探测及开发 | 7 | 55 | 2 | 35 |
| 促进农林牧渔业发展 | 6 | 21 | 12 | 124 |
| 促进工商业发展 | 7 | 22 | 11 | 494 |

4-7 续表

| 项　　目 | 项目(课题)数(项) | 项目(课题)人员全时当量(人年) | #研究人员 | 项目(课题)经费支出(万元) |
|---|---|---|---|---|
| **五、按项目服务的国民经济业分组** | | | | |
| 农、林、牧、渔业 | 5 | 19 | 10 | 116 |
| 农业 | 3 | 9 | 7 | 89 |
| 农、林、牧、渔服务业 | 2 | 11 | 3 | 27 |
| 采矿业 | 1 | 19 | 14 | 118 |
| 煤炭开采和洗选业 | 1 | 19 | 14 | 118 |
| 制造业 | 2 | 3 | 1 | 15 |
| 化学原料及化学制品制造业 | 1 | 2 | 1 | 5 |
| 仪器仪表及文化、办公用机械制造业 | 1 | 1 | 1 | 10 |
| 建筑业 | 2 | 18 | 8 | 70 |
| 房屋和土木工程建筑业 | 2 | 18 | 8 | 70 |
| 交通运输、仓储和邮政业 | 1 | 2 | 2 | 10 |
| 道路运输业 | 1 | 2 | 2 | 10 |
| 科学研究、技术服务和地质勘查业 | 18 | 89 | 28 | 1421 |
| 研究与试验发展 | 1 | 11 | 4 | 430 |
| 专业技术服务业 | 14 | 55 | 18 | 752 |
| 地质勘查业 | 3 | 24 | 6 | 239 |
| 水利、环境和公共设施管理业 | 13 | 80 | 5 | 123 |
| 水利管理业 | 11 | 77 | 3 | 107 |
| 环境管理业 | 1 | 3 | 2 | 8 |
| 公共设施管理业 | 1 | 1 | | 8 |
| 卫生、社会保障和社会福利业 | 163 | 654 | 50 | 672 |
| 卫生 | 163 | 654 | 50 | 672 |
| 文化、体育和娱乐业 | 1 | 1 | 1 | 8 |
| 文化艺术业 | 1 | 1 | 1 | 8 |
| **六、按地区分组** | | | | |
| 太原市 | 140 | 581 | 95 | 1911 |
| 大同市 | 4 | 45 | 10 | 351 |
| 晋中市 | 20 | 108 | 5 | 122 |
| 忻州市 | 5 | 18 | 4 | 68 |
| 临汾市 | 12 | 7 | 2 | 79 |
| 吕梁市 | 25 | 126 | 3 | 21 |

# 4-8 内资企事业单位研究与试验发展(R&D)项目(课题)

| 项目 | 项目(课题)数(项) | 项目(课题)人员全时当量(人年) | #研究人员 | 项目(课题)经费支出(万元) |
|---|---|---|---|---|
| **总计** | **9299** | **34415** | **8744** | **559740** |
| **一、按项目活动类型分组** | | | | |
| 基础研究 | 2848 | 2988 | 2305 | 14082 |
| 应用研究 | 4215 | 8122 | 4104 | 82832 |
| 试验发展 | 2236 | 23306 | 2335 | 462826 |
| **二、按项目合作形式分组** | | | | |
| 与境外机构合作 | 47 | 210 | 65 | 6652 |
| 与国内高校合作 | 496 | 5582 | 316 | 54264 |
| 与国内独立研究机构合作 | 311 | 5276 | 161 | 69932 |
| 与境内注册外商独资企业合作 | 8 | 34 | 10 | 294 |
| 与境内注册其他企业合作 | 415 | 2847 | 341 | 47661 |
| 独立完成 | 7847 | 19627 | 7709 | 368374 |
| 其他 | 175 | 838 | 141 | 12563 |
| **三、按项目来源分组** | | | | |
| 国家科技项目 | 1445 | 5732 | 3166 | 99859 |
| 地方科技项目 | 2899 | 4245 | 2256 | 40411 |
| 企业委托科技项目 | 1872 | 2106 | 1494 | 26577 |
| 自选科技项目 | 2878 | 21705 | 1548 | 386134 |
| 来自国外的科技项目 | 38 | 81 | 36 | 1350 |
| 其它科技项 | 167 | 546 | 244 | 5409 |
| **四、按学科分组** | | | | |
| 自然科学 | 1045 | 1225 | 947 | 11814 |
| 农业科学 | 657 | 1088 | 547 | 6820 |
| 医药科学 | 1148 | 2120 | 1157 | 4119 |
| 工程与技术科学 | 4279 | 28564 | 5024 | 533951 |
| 人文与社会科学 | 2170 | 1419 | 1068 | 3036 |
| **五、按项目的社会经济目标分组** | | | | |
| 环境保护及污染防治 | 276 | 989 | 218 | 10051 |
| 促进能源的生产、分配和合理利用 | 471 | 2751 | 615 | 48346 |
| 促进卫生事业的发展 | 1135 | 2092 | 1145 | 4057 |
| 促进教育事业的发展 | 907 | 632 | 468 | 500 |
| 基础设施以及城市和农村规划 | 232 | 869 | 164 | 33240 |
| 社会发展和社会服务 | 890 | 854 | 445 | 4637 |
| 地球和大气层的探索与利用 | 52 | 65 | 53 | 350 |
| 民用空间的探测及开发 | 12 | 61 | 6 | 59 |
| 促进农林牧渔业发展 | 665 | 1124 | 578 | 6930 |
| 促进工商业发展 | 2935 | 20699 | 2266 | 398349 |
| 非定向研究 | 1432 | 1613 | 986 | 10390 |
| 其他民用目标 | 20 | 24 | 10 | 149 |
| 国防 | 272 | 2644 | 1790 | 42682 |

4-8 续表 1

| 项　　目 | 项目(课题)数(项) | 项目(课题)人员全时当量(人年) | #研究人员 | 项目(课题)经费支出(万元) |
|---|---|---|---|---|
| **六、按项目服务的国民经济行业分组** | | | | |
| 农、林、牧、渔业 | 811 | 1276 | 680 | 8485 |
| 农业 | 576 | 985 | 506 | 5710 |
| 林业 | 25 | 32 | 16 | 238 |
| 畜牧业 | 95 | 110 | 63 | 1268 |
| 渔业 | | | | |
| 农、林、牧、渔服务业 | 115 | 149 | 94 | 1268 |
| 采矿业 | 642 | 15146 | 527 | 137562 |
| 煤炭开采和洗选业 | 631 | 15135 | 519 | 137455 |
| 石油和天然气开采业 | 3 | 5 | 3 | 46 |
| 非金属矿采选业 | 7 | 6 | 5 | 60 |
| 其他采矿业 | 1 | | | |
| 制造业 | 1994 | 8313 | 1740 | 313371 |
| 农副食品加工业 | 11 | 30 | 14 | 408 |
| 食品制造业 | 19 | 46 | 21 | 1553 |
| 饮料制造业 | 23 | 199 | 14 | 892 |
| 烟草制品业 | 5 | 37 | 4 | 665 |
| 纺织业 | 8 | 39 | 7 | 983 |
| 纺织服装、鞋、帽制造业 | 1 | 12 | 8 | 350 |
| 家具制造业 | 1 | 1 | 1 | 14 |
| 印刷业和记录媒介的复制 | 6 | 6 | 2 | 112 |
| 文教体育用品制造业 | 5 | 106 | 12 | 539 |
| 石油加工、炼焦及核燃料加工业 | 79 | 462 | 59 | 16131 |
| 化学原料及化学制品制造业 | 387 | 1187 | 327 | 31766 |
| 医药制造业 | 114 | 486 | 52 | 6550 |
| 化学纤维制造业 | 10 | 34 | 17 | 231 |
| 橡胶制品业 | 23 | 80 | 11 | 1812 |
| 塑料制品业 | 6 | 7 | 6 | 104 |
| 非金属矿物制品业 | 76 | 373 | 103 | 5048 |
| 黑色金属冶炼及压延加工业 | 78 | 1152 | 43 | 125275 |
| 有色金属冶炼及压延加工业 | 78 | 368 | 78 | 5397 |
| 金属制品业 | 33 | 48 | 24 | 791 |
| 通用设备制造业 | 244 | 668 | 263 | 13767 |
| 专用设备制造业 | 321 | 1406 | 157 | 66419 |
| 交通运输设备制造业 | 100 | 531 | 69 | 9015 |
| 电气机械及器材制造业 | 130 | 395 | 85 | 14067 |
| 通信设备、计算机及其他电子设备制造业 | 118 | 232 | 185 | 5432 |
| 仪器仪表及文化、办公用机械制造业 | 101 | 378 | 161 | 5148 |
| 工艺品及其他制造业 | 14 | 28 | 13 | 868 |
| 废弃资源和废旧材料回收加工业 | 3 | 3 | 3 | 34 |

4–8 续表2

| 项　目 | 项目(课题)数(项) | 项目(课题)人员全时当量(人年) | #研究人员 | 项目(课题)经费支出(万元) |
|---|---|---|---|---|
| 电力、燃气及水的生产和供应业 | 91 | 211 | 62 | 1680 |
| 电力、热力的生产和供应业 | 73 | 179 | 45 | 1088 |
| 燃气生产和供应业 | 13 | 23 | 11 | 579 |
| 水的生产和供应业 | 5 | 9 | 6 | 13 |
| 建筑业 | 193 | 817 | 123 | 32806 |
| 房屋和土木工程建筑业 | 175 | 791 | 109 | 32707 |
| 建筑安装业 | 5 | 12 | 2 | 62 |
| 建筑装饰业 | 9 | 9 | 7 | 31 |
| 其他建筑业 | 4 | 6 | 5 | 7 |
| 交通运输、仓储和邮政业 | 8 | 13 | 11 | 51 |
| 道路运输业 | 6 | 13 | 11 | 51 |
| 航空运输业 | 1 | | | |
| 装卸搬运和其他运输服务业 | 1 | | | |
| 信息传输、计算机服务和软件业 | 168 | 340 | 135 | 1887 |
| 电信和其他信息传输服务业 | 39 | 75 | 25 | 348 |
| 计算机服务业 | 104 | 208 | 87 | 853 |
| 软件业 | 25 | 56 | 23 | 685 |
| 批发和零售业 | 2 | 2 | 2 | 22 |
| 批发业 | | | | |
| 零售业 | 2 | 2 | 2 | 22 |
| 住宿和餐饮业 | 4 | 7 | 5 | 5 |
| 住宿业 | 2 | 6 | 4 | 3 |
| 餐饮业 | 2 | 1 | 1 | 2 |
| 金融业 | 49 | 45 | 29 | 140 |
| 银行业 | 12 | 13 | 8 | 25 |
| 证券业 | 4 | 5 | 3 | 6 |
| 保险业 | 3 | 2 | 1 | 61 |
| 其他金融活动 | 30 | 25 | 17 | 48 |
| 房地产业 | 4 | 4 | 3 | 2 |
| 房地产业 | 4 | 4 | 3 | 2 |
| 租赁和商务服务业 | 262 | 207 | 105 | 1931 |
| 租赁业 | 1 | | | 7 |
| 商务服务业 | 261 | 207 | 105 | 1924 |
| 科学研究、技术服务和地质勘查业 | 1939 | 4438 | 3120 | 53146 |
| 研究与试验发展 | 1577 | 4107 | 2896 | 50345 |
| 专业技术服务业 | 114 | 169 | 108 | 1769 |
| 科技交流和推广服务业 | 205 | 92 | 68 | 419 |
| 地质勘查业 | 43 | 70 | 48 | 613 |

4-8　续表 3

| 项　　目 | 项目(课题)数(项) | 项目(课题)人员全时当量(人年) | #研究人员 | 项目(课题)经费支出(万元) |
|---|---|---|---|---|
| 水利、环境和公共设施管理业 | 260 | 346 | 205 | 2207 |
| 水利管理业 | 69 | 135 | 48 | 414 |
| 环境管理业 | 171 | 191 | 146 | 1740 |
| 公共设施管理业 | 20 | 19 | 11 | 54 |
| 居民服务和其他服务业 | 37 | 41 | 28 | 318 |
| 居民服务业 | 28 | 34 | 23 | 283 |
| 其他服务业 | 9 | 7 | 5 | 36 |
| 教育 | 905 | 572 | 437 | 440 |
| 教育 | 905 | 572 | 437 | 440 |
| 卫生、社会保障和社会福利业 | 1176 | 2164 | 1193 | 4120 |
| 卫生 | 1143 | 2138 | 1179 | 4086 |
| 社会保障业 | 33 | 27 | 14 | 33 |
| 文化、体育和娱乐业 | 426 | 245 | 182 | 1034 |
| 新闻出版业 | 10 | 7 | 6 | 38 |
| 广播、电视、电影和音像业 | 2 | 1 | 1 | 1 |
| 文化艺术业 | 343 | 191 | 142 | 929 |
| 体育 | 64 | 42 | 33 | 62 |
| 娱乐业 | 7 | 5 | 2 | 3 |
| 公共管理和社会组织 | 327 | 228 | 158 | 534 |
| 中国共产党机关 | 25 | 15 | 12 | 26 |
| 国家机构 | 272 | 195 | 130 | 493 |
| 人民政协和民主党派 | 2 | 1 | 1 | 1 |
| 群众团体、社会团体和宗教组织 | 14 | 10 | 7 | 8 |
| 基层群众自治组织 | 14 | 8 | 8 | 6 |
| 国际组织 | 1 | 1 | 1 | |
| 国际组织 | 1 | 1 | 1 | |
| **七、按地区分组** | | | | |
| 太原市 | 6161 | 16207 | 6338 | 310061 |
| 大同市 | 416 | 6102 | 482 | 35531 |
| 阳泉市 | 107 | 1261 | 43 | 29194 |
| 长治市 | 446 | 4191 | 212 | 40211 |
| 晋城市 | 49 | 1318 | 27 | 24765 |
| 朔州市 | 33 | 94 | 9 | 9102 |
| 晋中市 | 534 | 2274 | 732 | 41872 |
| 运城市 | 217 | 1060 | 225 | 26670 |
| 忻州市 | 145 | 250 | 107 | 1797 |
| 临汾市 | 1086 | 1185 | 520 | 30942 |
| 吕梁市 | 105 | 474 | 48 | 9595 |

# 4-9 国有企事业单位研究与试验发展(R&D)项目(课题)

| 项　　目 | 项目(课题)数(项) | 项目(课题)人员全时当量(人年) | #研究人员 | 项目(课题)经费支出(万元) |
|---|---|---|---|---|
| **总　　计** | **7843** | **12896** | **7984** | **129163** |
| **一、按项目活动类型分组** | | | | |
| 基础研究 | 2846 | 2975 | 2304 | 13992 |
| 应用研究 | 4122 | 6328 | 4066 | 59045 |
| 试验发展 | 875 | 3593 | 1614 | 56126 |
| **二、按项目合作形式分组** | | | | |
| 与境外机构合作 | 35 | 75 | 55 | 918 |
| 与国内高校合作 | 225 | 385 | 199 | 3882 |
| 与国内独立研究机构合作 | 111 | 246 | 103 | 12462 |
| 与境内注册外商独资企业合作 | 2 | 2 | 1 | 60 |
| 与境内注册其他企业合作 | 295 | 483 | 281 | 9585 |
| 独立完成 | 7046 | 11514 | 7267 | 101389 |
| 其他 | 129 | 193 | 78 | 867 |
| **三、按项目来源分组** | | | | |
| 国家科技项目 | 1381 | 4563 | 3101 | 63292 |
| 地方科技项目 | 2829 | 3703 | 2206 | 22197 |
| 企业委托科技项目 | 1843 | 1903 | 1479 | 18312 |
| 自选科技项目 | 1602 | 2392 | 1006 | 23213 |
| 来自国外的科技项目 | 32 | 55 | 32 | 541 |
| 其它科技项 | 156 | 279 | 160 | 1609 |
| **四、按学科分组** | | | | |
| 自然科学 | 1045 | 1225 | 947 | 11814 |
| 农业科学 | 643 | 1056 | 541 | 5943 |
| 医药科学 | 1145 | 2102 | 1150 | 4096 |
| 工程与技术科学 | 2840 | 7094 | 4278 | 104274 |
| 人文与社会科学 | 2170 | 1419 | 1068 | 3036 |
| **五、按项目的社会经济目标分组** | | | | |
| 环境保护及污染防治 | 226 | 321 | 197 | 1977 |
| 促进能源的生产、分配和合理利用 | 353 | 981 | 562 | 14223 |
| 促进卫生事业的发展 | 1132 | 2074 | 1138 | 4034 |
| 促进教育事业的发展 | 907 | 632 | 468 | 500 |
| 基础设施以及城市和农村规划 | 160 | 429 | 136 | 10739 |
| 社会发展和社会服务 | 858 | 634 | 431 | 3150 |
| 地球和大气层的探索与利用 | 52 | 65 | 53 | 350 |
| 民用空间的探测及开发 | 12 | 61 | 6 | 59 |
| 促进农林牧渔业发展 | 653 | 1099 | 573 | 6271 |
| 促进工商业发展 | 1779 | 2762 | 1656 | 38335 |
| 非定向研究 | 1419 | 1171 | 964 | 6693 |
| 其他民用目标 | 20 | 24 | 10 | 149 |
| 国防 | 2950 | 9528 | 5904 | 143574 |

4-9 续表1

| 项　　目 | 项目(课题)数(项) | 项目(课题)人员全时当量(人年) | #研究人员 | 项目(课题)经费支出(万元) |
|---|---|---|---|---|
| **六、按项目服务的国民经济行业分组** | | | | |
| 农、林、牧、渔业 | 797 | 1244 | 673 | 7607 |
| 农业 | 567 | 974 | 506 | 5270 |
| 林业 | 24 | 27 | 15 | 189 |
| 畜牧业 | 91 | 94 | 59 | 880 |
| 农、林、牧、渔服务业 | 115 | 149 | 94 | 1268 |
| 采矿业 | 159 | 672 | 420 | 7406 |
| 煤炭开采和洗选业 | 148 | 661 | 412 | 7300 |
| 石油和天然气开采业 | 3 | 5 | 3 | 46 |
| 非金属矿采选业 | 7 | 6 | 5 | 60 |
| 其他采矿业 | 1 | | | |
| 制造业 | 1152 | 2021 | 1148 | 38632 |
| 农副食品加工业 | 8 | 11 | 8 | 46 |
| 食品制造业 | 12 | 11 | 10 | 95 |
| 饮料制造业 | 5 | 7 | 5 | 33 |
| 纺织业 | 3 | 2 | 2 | 18 |
| 家具制造业 | 1 | 1 | 1 | 14 |
| 印刷业和记录媒介的复制 | 1 | 2 | 2 | 1 |
| 文教体育用品制造业 | 3 | 3 | 3 | 43 |
| 石油加工、炼焦及核燃料加工业 | 34 | 51 | 31 | 1780 |
| 化学原料及化学制品制造业 | 265 | 361 | 269 | 5252 |
| 医药制造业 | 29 | 33 | 29 | 240 |
| 化学纤维制造业 | 10 | 34 | 17 | 231 |
| 橡胶制品业 | 3 | 4 | 3 | 9 |
| 塑料制品业 | 6 | 7 | 6 | 104 |
| 非金属矿物制品业 | 46 | 68 | 54 | 654 |
| 黑色金属冶炼及压延加工业 | 17 | 65 | 12 | 1432 |
| 有色金属冶炼及压延加工业 | 39 | 45 | 42 | 351 |
| 金属制品业 | 29 | 30 | 22 | 194 |
| 通用设备制造业 | 190 | 477 | 217 | 5516 |
| 专用设备制造业 | 95 | 151 | 79 | 1947 |
| 交通运输设备制造业 | 46 | 121 | 49 | 1932 |
| 电气机械及器材制造业 | 107 | 258 | 78 | 12586 |
| 通信设备、计算机及其他电子设备制造业 | 106 | 133 | 119 | 3794 |
| 仪器仪表及文化、办公用机械制造业 | 80 | 117 | 77 | 1459 |
| 工艺品及其他制造业 | 14 | 28 | 13 | 868 |
| 废弃资源和废旧材料回收加工业 | 3 | 3 | 3 | 34 |

4–9 续表2

| 项 目 | 项目(课题)数(项) | 项目(课题)人员全时当量(人年) | #研究人员 | 项目(课题)经费支出(万元) |
|---|---|---|---|---|
| 电力、燃气及水的生产和供应业 | 88 | 206 | 62 | 1569 |
| 电力、热力的生产和供应业 | 70 | 174 | 45 | 977 |
| 燃气生产和供应业 | 13 | 23 | 11 | 579 |
| 水的生产和供应业 | 5 | 9 | 6 | 13 |
| 建筑业 | 116 | 353 | 95 | 10055 |
| 房屋和土木工程建筑业 | 99 | 332 | 81 | 9989 |
| 建筑安装业 | 4 | 6 | 2 | 28 |
| 建筑装饰业 | 9 | 9 | 7 | 31 |
| 其他建筑业 | 4 | 6 | 5 | 7 |
| 交通运输、仓储和邮政业 | 8 | 13 | 11 | 51 |
| 道路运输业 | 6 | 13 | 11 | 51 |
| 航空运输业 | 1 | | | |
| 装卸搬运和其他运输服务业 | 1 | | | |
| 信息传输、计算机服务和软件业 | 143 | 177 | 126 | 788 |
| 电信和其他信息传输服务业 | 27 | 27 | 22 | 115 |
| 计算机服务业 | 94 | 119 | 83 | 434 |
| 软件业 | 22 | 30 | 21 | 239 |
| 批发和零售业 | 2 | 2 | 2 | 22 |
| 零售业 | 2 | 2 | 2 | 22 |
| 住宿和餐饮业 | 4 | 7 | 5 | 5 |
| 住宿业 | 2 | 6 | 4 | 3 |
| 餐饮业 | 2 | 1 | 1 | 2 |
| 金融业 | 48 | 44 | 29 | 79 |
| 银行业 | 12 | 13 | 8 | 25 |
| 证券业 | 4 | 5 | 3 | 6 |
| 保险业 | 2 | 1 | 1 | 0 |
| 其他金融活动 | 30 | 25 | 17 | 48 |
| 房地产业 | 4 | 4 | 3 | 2 |
| 房地产业 | 4 | 4 | 3 | 2 |
| 租赁和商务服务业 | 257 | 155 | 102 | 1652 |
| 租赁业 | 1 | | | 7 |
| 商务服务业 | 256 | 154 | 102 | 1645 |
| 科学研究、技术服务和地质勘查业 | 1938 | 4428 | 3116 | 52716 |
| 研究与试验发展 | 1576 | 4096 | 2893 | 49915 |
| 专业技术服务业 | 114 | 169 | 108 | 1769 |
| 科技交流和推广服务业 | 205 | 92 | 68 | 419 |
| 地质勘查业 | 43 | 70 | 48 | 613 |

4-9　续表3

| 项　　目 | 项目(课题)数(项) | 项目(课题)人员全时当量(人年) | #研究人员 | 项目(课题)经费支出(万元) |
|---|---|---|---|---|
| 水利、环境和公共设施管理业 | 259 | 344 | 203 | 2182 |
| 水利管理业 | 69 | 135 | 48 | 414 |
| 环境管理业 | 171 | 191 | 146 | 1740 |
| 公共设施管理业 | 19 | 17 | 9 | 29 |
| 居民服务和其他服务业 | 37 | 41 | 28 | 318 |
| 居民服务业 | 28 | 34 | 23 | 283 |
| 其他服务业 | 9 | 7 | 5 | 36 |
| 教育 | 905 | 572 | 437 | 440 |
| 教育 | 905 | 572 | 437 | 440 |
| 卫生、社会保障和社会福利业 | 1172 | 2141 | 1184 | 4072 |
| 卫生 | 1139 | 2115 | 1170 | 4038 |
| 社会保障业 | 33 | 27 | 14 | 33 |
| 社会福利业 | | | | |
| 文化、体育和娱乐业 | 426 | 245 | 182 | 1034 |
| 新闻出版业 | 10 | 7 | 6 | 38 |
| 广播、电视、电影和音像业 | 2 | 1 | 1 | 1 |
| 文化艺术业 | 343 | 191 | 142 | 929 |
| 体育 | 64 | 42 | 33 | 62 |
| 娱乐业 | 7 | 5 | 2 | 3 |
| 公共管理和社会组织 | 327 | 228 | 158 | 534 |
| 中国共产党机关 | 25 | 15 | 12 | 26 |
| 国家机构 | 272 | 195 | 130 | 493 |
| 人民政协和民主党派 | 2 | 1 | 1 | 1 |
| 群众团体、社会团体和宗教组织 | 14 | 10 | 7 | 8 |
| 基层群众自治组织 | 14 | 8 | 8 | 6 |
| 国际组织 | 1 | 1 | 1 | |
| 国际组织 | 1 | 1 | 1 | |
| **七、按地区分组** | | | | |
| 太原市 | 5601 | 9199 | 6070 | 87029 |
| 大同市 | 308 | 696 | 441 | 7400 |
| 阳泉市 | 1 | 3 | 2 | 8 |
| 长治市 | 178 | 350 | 151 | 3343 |
| 晋城市 | 2 | 6 | 1 | 28 |
| 朔州市 | 5 | 11 | 6 | 42 |
| 晋中市 | 457 | 1279 | 564 | 17680 |
| 运城市 | 113 | 337 | 121 | 12050 |
| 忻州市 | 137 | 163 | 99 | 337 |
| 临汾市 | 989 | 677 | 491 | 1146 |
| 吕梁市 | 52 | 175 | 38 | 102 |

# 4-10 外商投资企事业单位研究与试验发展(R&D)项目(课题)

| 项　目 | 项目(课题)数(项) | 项目(课题)人员全时当量(人年) | #研究人员 | 项目(课题)经费支出(万元) |
|---|---|---|---|---|
| **总　计** | **32** | **371** | **49** | **4427** |
| **一、按项目活动类型分组** | | | | |
| 基础研究 | 2 | 2 | | 18 |
| 试验发展 | 30 | 369 | 49 | 4409 |
| **二、按项目合作形式分组** | | | | |
| 与境外机构合作 | 1 | 14 | 5 | 280 |
| 与国内高校合作 | 5 | 44 | 4 | 742 |
| 与国内独立研究机构合作 | 5 | 15 | 4 | 171 |
| 独立完成 | 20 | 282 | 29 | 3220 |
| 其他 | 1 | 16 | 8 | 15 |
| **三、按项目来源分组** | | | | |
| 国家科技项目 | 2 | 53 | 2 | 901 |
| 地方科技项目 | 2 | 4 | 2 | 75 |
| 企业委托科技项目 | 1 | 1 | | 80 |
| 自选科技项目 | 27 | 313 | 44 | 3372 |
| **四、按学科分组** | | | | |
| 工程与技术科学 | 32 | 371 | 49 | 4427 |
| 环境保护及污染防治 | 2 | 19 | 3 | 58 |
| 促进能源的生产、分配和合理利用 | 4 | 56 | 6 | 591 |
| 促进工商业发展 | 24 | 294 | 40 | 3761 |
| 非定向研究 | 2 | 2 | | 18 |
| **六、按项目服务的国民经济行业分组** | | | | |
| 制造业 | 28 | 359 | 48 | 4363 |
| 化学原料及化学制品制造业 | 3 | 34 | 17 | 56 |
| 医药制造业 | 7 | 31 | 2 | 355 |
| 橡胶制品业 | 1 | 14 | 5 | 280 |
| 非金属矿物制品业 | 1 | 33 | 2 | 520 |
| 通用设备制造业 | 1 | 8 | 7 | 50 |
| 专用设备制造业 | 1 | 1 | | 79 |
| 交通运输设备制造业 | 3 | 69 | 9 | 1319 |
| 通信设备、计算机及其他电子设备制造业 | 5 | 36 | | 283 |
| 仪器仪表及文化、办公用机械制造业 | 6 | 135 | 6 | 1420 |
| 电力、燃气及水的生产和供应业 | 4 | 12 | 1 | 64 |
| 电力、热力的生产和供应业 | 4 | 12 | 1 | 64 |
| **七、按地区分组** | | | | |
| 太原市 | 15 | 200 | 11 | 2756 |
| 大同市 | 5 | 57 | 16 | 187 |
| 长治市 | 1 | 14 | 5 | 280 |
| 晋城市 | 2 | 8 | | 152 |
| 朔州市 | 2 | 10 | 1 | 46 |
| 晋中市 | 3 | 35 | 2 | 538 |
| 运城市 | 1 | 8 | 7 | 50 |
| 临汾市 | 3 | 40 | 7 | 419 |

## 4-11 港澳台商企事业单位研究与试验发展(R&D)项目(课题)

| 项目 | 项目(课题)数(项) | 项目(课题)人员全时当量(人年) | #研究人员 | 项目(课题)经费支出(万元) |
|---|---|---|---|---|
| **总计** | **16** | **240** | **11** | **5761** |
| **一、按项目活动类型分组** | | | | |
| 试验发展 | 16 | 240 | 11 | 5761 |
| **二、按项目合作形式分组** | | | | |
| 与国内独立研究机构合作 | 1 | 1 | | 111 |
| 独立完成 | 15 | 239 | 11 | 5650 |
| **三、按项目来源分组** | | | | |
| 企业委托科技项目 | 10 | 134 | 5 | 1169 |
| 自选科技项目 | 6 | 106 | 6 | 4591 |
| **四、按学科分组** | | | | |
| 工程与技术科学 | 16 | 240 | 11 | 5761 |
| **五、按项目的社会经济目标分组** | | | | |
| 促进工商业发展 | 16 | 240 | 11 | 5761 |
| **六、按项目服务的国民经济行业分组** | | | | |
| 制造业 | 15 | 239 | 11 | 5719 |
| 石油加工、炼焦及核燃料加工业 | 1 | 89 | 5 | 4160 |
| 非金属矿物制品业 | ` | 13 | 1 | 39 |
| 专用设备制造业 | 10 | 134 | 5 | 1169 |
| 电气机械及器材制造业 | 3 | 3 | 1 | 351 |
| 电力、燃气及水的生产和供应业 | 1 | 1 | | 42 |
| 电力、热力的生产和供应业 | 1 | 1 | | 42 |
| **七、按地区分组** | | | | |
| 朔州市 | 1 | 1 | | 42 |
| 晋中市 | 12 | 236 | 11 | 5368 |
| 临汾市 | 3 | 3 | | 351 |

## 4-12 各地区按行业分企事业单位研究与试验发展(R&D)项目(课题)

| 地区 | 农、林、牧、渔业 | | | |
|---|---|---|---|---|
| | 项目(课题)数(项) | 项目(课题)人员全时当量(人年) | #研究人员 | 项目(课题)经费支出(万元) |
| **总计** | **19** | **51** | **16** | **993** |
| **按地区分组** | | | | |
| 太原市 | 8 | 13 | 7 | 218 |
| 大同市 | 1 | 10 | 3 | 25 |
| 阳泉市 | 1 | 2 | | 260 |
| 长治市 | 7 | 19 | 4 | 272 |
| 晋城市 | 1 | 5 | 2 | 49 |
| 朔州市 | | | | |
| 晋中市 | 1 | 2 | | 170 |
| 运城市 | | | | |
| 忻州市 | | | | |
| 临汾市 | | | | |
| 吕梁市 | | | | |

4-12　续表1

| 地　区 | 采矿业 | | | |
|---|---|---|---|---|
| | 项目(课题)数(项) | 项目(课题)人员全时当量(人年) | #研究人员 | 项目(课题)经费支出(万元) |
| **总　计** | **485** | **14478** | **107** | **130209** |
| **按地区分组** | | | | |
| 太原市 | 85 | 3714 | 10 | 16000 |
| 大同市 | 88 | 5220 | 15 | 26141 |
| 阳泉市 | 61 | 1020 | 3 | 19964 |
| 长治市 | 136 | 2810 | 5 | 22333 |
| 晋城市 | 36 | 1256 | 11 | 23406 |
| 朔州市 | 25 | 76 | 1 | 8668 |
| 晋中市 | 16 | 161 | 59 | 7710 |
| 运城市 | | | | |
| 忻州市 | 1 | 3 | | 3 |
| 临汾市 | 9 | 147 | | 402 |
| 吕梁市 | 28 | 71 | 1 | 5582 |

4-12　续表2

| 地　区 | 制造业 | | | |
|---|---|---|---|---|
| | 项目(课题)数(项) | 项目(课题)人员全时当量(人年) | #研究人员 | 项目(课题)经费支出(万元) |
| **总　计** | **986** | **7517** | **718** | **302313** |
| **按地区分组** | | | | |
| 太原市 | 420 | 2990 | 281 | 189214 |
| 大同市 | 26 | 289 | 43 | 2185 |
| 阳泉市 | 43 | 233 | 36 | 8938 |
| 长治市 | 140 | 1093 | 58 | 16858 |
| 晋城市 | 12 | 59 | 13 | 1434 |
| 朔州市 | 1 | 4 | 1 | 384 |
| 晋中市 | 99 | 1263 | 125 | 24006 |
| 运城市 | 135 | 886 | 110 | 25792 |
| 忻州市 | 8 | 87 | 8 | 1460 |
| 临汾市 | 77 | 385 | 35 | 28132 |
| 吕梁市 | 25 | 228 | 9 | 3911 |

4-12 续表3

| 地 区 | 电力、燃气及水的生产和供应业 | | | |
| --- | --- | --- | --- | --- |
| | 项目(课题)数(项) | 项目(课题)人员全时当量(人年) | #研究人员 | 项目(课题)经费支出(万元) |
| **总 计** | **23** | **109** | **4** | **804** |
| **按地区分组** | | | | |
| 太原市 | 8 | 51 | | 512 |
| 大同市 | | | | |
| 阳泉市 | | | | |
| 长治市 | 1 | 2 | | 103 |
| 晋城市 | | | | |
| 朔州市 | 6 | 18 | 4 | 106 |
| 晋中市 | 2 | 2 | | 18 |
| 运城市 | 6 | 37 | | 64 |
| 忻州市 | | | | |
| 临汾市 | | | | |
| 吕梁市 | | | | |

4-12 续表4

| 地 区 | 建筑业 | | | |
| --- | --- | --- | --- | --- |
| | 项目(课题)数(项) | 项目(课题)人员全时当量(人年) | #研究人员 | 项目(课题)经费支出(万元) |
| **总 计** | **122** | **664** | **37** | **32096** |
| **按地区分组** | | | | |
| 太原市 | 88 | 571 | 28 | 23720 |
| 大同市 | | | | |
| 阳泉市 | | | | |
| 长治市 | 1 | 5 | | 15 |
| 晋城市 | | | | |
| 朔州市 | | | | |
| 晋中市 | 4 | 58 | 7 | 6207 |
| 运城市 | 2 | 8 | 2 | 18 |
| 忻州市 | | | | |
| 临汾市 | 27 | 23 | 0 | 2137 |
| 吕梁市 | | | | |

4–12 续表5

| 地 区 | 信息传输、计算机服务和软件业 | | | |
|---|---|---|---|---|
| | 项目(课题)数(项) | 项目(课题)人员全时当量(人年) | #研究人员 | 项目(课题)经费支出(万元) |
| **总 计** | **25** | **163** | **9** | **1099** |
| **按地区分组** | | | | |
| 太原市 | 25 | 163 | 9 | 1099 |
| 大同市 | | | | |
| 阳泉市 | | | | |
| 长治市 | | | | |
| 晋城市 | | | | |
| 朔州市 | | | | |
| 晋中市 | | | | |
| 运城市 | | | | |
| 忻州市 | | | | |
| 临汾市 | | | | |
| 吕梁市 | | | | |

4–12 续表6

| 地 区 | 金融业 | | | |
|---|---|---|---|---|
| | 项目(课题)数(项) | 项目(课题)人员全时当量(人年) | #研究人员 | 项目(课题)经费支出(万元) |
| **总 计** | **1** | **1** | | **61** |
| **按地区分组** | | | | |
| 太原市 | 1 | 1 | | 61 |
| 大同市 | | | | |
| 阳泉市 | | | | |
| 长治市 | | | | |
| 晋城市 | | | | |
| 朔州市 | | | | |
| 晋中市 | | | | |
| 运城市 | | | | |
| 忻州市 | | | | |
| 临汾市 | | | | |
| 吕梁市 | | | | |

4–12 续表7

| 地 区 | 租赁和商务服务业 | | | |
|---|---|---|---|---|
| | 项目(课题)数(项) | 项目(课题)人员全时当量(人年) | #研究人员 | 项目(课题)经费支出(万元) |
| **总 计** | **16** | **65** | **3** | **1602** |
| **按地区分组** | | | | |
| 太原市 | 14 | 36 | 1 | 1427 |
| 大同市 | | | | |
| 阳泉市 | | | | |
| 长治市 | 1 | 25 | 1 | 173 |
| 晋城市 | | | | |
| 朔州市 | | | | |
| 晋中市 | | | | |
| 运城市 | | | | |
| 忻州市 | | | | |
| 临汾市 | 1 | 4 | 1 | 2 |
| 吕梁市 | | | | |

4–12 续表8

| 地 区 | 科学研究、技术服务和地质勘查业 | | | |
|---|---|---|---|---|
| | 项目(课题)数(项) | 项目(课题)人员全时当量(人年) | #研究人员 | 项目(课题)经费支出(万元) |
| **总 计** | **989** | **4879** | **2835** | **62742** |
| **按地区分组** | | | | |
| 太原市 | 643 | 3367 | 1992 | 46029 |
| 大同市 | 51 | 485 | 306 | 7025 |
| 阳泉市 | 1 | 3 | 2 | 8 |
| 长治市 | 47 | 119 | 37 | 664 |
| 晋城市 | 2 | 6 | 1 | 28 |
| 朔州市 | 4 | 7 | 4 | 31 |
| 晋中市 | 81 | 579 | 301 | 7375 |
| 运城市 | 45 | 101 | 88 | 798 |
| 忻州市 | 32 | 47 | 12 | 225 |
| 临汾市 | 58 | 118 | 60 | 478 |
| 吕梁市 | 25 | 48 | 34 | 80 |

4-12 续表9

| 地　区 | 水利、环境和公共设施管理业 | | | |
|---|---|---|---|---|
| | 项目(课题)数(项) | 项目(课题)人员全时当量(人年) | #研究人员 | 项目(课题)经费支出(万元) |
| **总　计** | **13** | **80** | **5** | **140** |
| **按地区分组** | | | | |
| 太原市 | 3 | 4 | 3 | 66 |
| 大同市 | | | | |
| 阳泉市 | 1 | 2 | 2 | 25 |
| 长治市 | | | | |
| 晋城市 | | | | |
| 朔州市 | | | | |
| 晋中市 | 9 | 74 | | 49 |
| 运城市 | | | | |
| 忻州市 | | | | |
| 临汾市 | | | | |
| 吕梁市 | | | | |

4-12 续表10

| 地　区 | 教育 | | | |
|---|---|---|---|---|
| | 项目(课题)数(项) | 项目(课题)人员全时当量(人年) | #研究人员 | 项目(课题)经费支出(万元) |
| **总　计** | **6099** | **5795** | **4627** | **36500** |
| **按地区分组** | | | | |
| 太原市 | 4367 | 4473 | 3590 | 33477 |
| 大同市 | 253 | 146 | 130 | 225 |
| 阳泉市 | | | | |
| 长治市 | 114 | 131 | 112 | 73 |
| 晋城市 | | | | |
| 朔州市 | | | | |
| 晋中市 | 327 | 374 | 252 | 2180 |
| 运城市 | 29 | 32 | 30 | 22 |
| 忻州市 | 99 | 95 | 83 | 41 |
| 临汾市 | 908 | 544 | 430 | 482 |
| 吕梁市 | 2 | 1 | 1 | |

4-12 续表11

| 地 区 | 卫生、社会保障和社会福利业 | | | |
|---|---|---|---|---|
| | 项目(课题)数(项) | 项目(课题)人员全时当量(人年) | #研究人员 | 项目(课题)经费支出(万元) |
| **总 计** | **568** | **1222** | **442** | **1362** |
| **按地区分组** | | | | |
| 太原市 | 513 | 1024 | 427 | 988 |
| 大同市 | 2 | 10 | 2 | 117 |
| 阳泉市 | | | | |
| 长治市 | | | | |
| 晋城市 | | | | |
| 朔州市 | | | | |
| 晋中市 | 10 | 32 | 2 | 65 |
| 运城市 | 1 | 5 | 1 | 26 |
| 忻州市 | 5 | 18 | 4 | 68 |
| 临汾市 | 12 | 7 | 2 | 79 |
| 吕梁市 | 25 | 126 | 3 | 21 |

4-12 续表12

| 地 区 | 文化、体育和娱乐业 | | | |
|---|---|---|---|---|
| | 项目(课题)数(项) | 项目(课题)人员全时当量(人年) | #研究人员 | 项目(课题)经费支出(万元) |
| **总 计** | **1** | **1** | **1** | **8** |
| **按地区分组** | | | | |
| 太原市 | 1 | 1 | 1 | 8 |
| 大同市 | | | | |
| 阳泉市 | | | | |
| 长治市 | | | | |
| 晋城市 | | | | |
| 朔州市 | | | | |
| 晋中市 | | | | |
| 运城市 | | | | |
| 忻州市 | | | | |
| 临汾市 | | | | |
| 吕梁市 | | | | |

# 第五部分

# 研究与试验发展（R&D）活动产出情况

# 5-1 全省研究与试验发展(R&D)活动产出

| 项　目 | 专利申请数(件) | #发明专利 | 有效发明专利数(件) | 专利所有权转让及许可数(件) | 专利所有权转让与许可收入(万元) | 发表科技论文(篇) | 出版科技著作(种) |
|---|---|---|---|---|---|---|---|
| **总　计** | **2629** | **1205** | **2299** | **118** | **5001** | **19882** | **828** |
| **一、按登记注册类型分组** | | | | | | | |
| 内资企业 | 2542 | 1176 | 2234 | 118 | 5001 | 19872 | 828 |
| 国有企业 | 859 | 527 | 1450 | 40 | 2859 | 17681 | 828 |
| 集体企业 | 2 | 1 | 5 | | | 2 | |
| 股份合作企业 | 3 | | | | | 6 | |
| 有限责任公司 | 1230 | 475 | 501 | 71 | 1430 | 1952 | |
| 股份有限公司 | 216 | 80 | 128 | 5 | 212 | 177 | |
| 私营企业 | 231 | 92 | 149 | 2 | 500 | 54 | |
| 其他内资企业 | 1 | 1 | 1 | | | | |
| 港、澳、台商投资企业 | 64 | 18 | 54 | | | | |
| 外商投资企业 | 23 | 11 | 11 | | | 10 | |
| **二、按隶属关系分组** | | | | | | | |
| 中央 | 809 | 358 | 731 | 8 | 2652 | 1505 | 2 |
| 地方 | 1820 | 847 | 1568 | 110 | 2349 | 18377 | 826 |
| **三、按行业分组** | | | | | | | |
| 农、林、牧、渔业 | 12 | 8 | 7 | | | 70 | 3 |
| 采矿业 | 171 | 60 | 71 | 2 | 202 | 1166 | |
| 制造业 | 1573 | 608 | 763 | 72 | 1940 | 736 | |
| 电力、燃气及水的生产和供应业 | 54 | 26 | 22 | | | 211 | |
| 建筑业 | 140 | 28 | 43 | 5 | | 446 | |
| 信息传输、计算机服务和软件业 | 24 | 10 | 1 | | | 1 | |
| 金融业 | 1 | 1 | | | | | |
| 租赁和商务服务业 | 4 | 2 | 21 | | | | |
| 科学研究、技术服务和地质勘查业 | 320 | 193 | 490 | 6 | 2652 | 2481 | 92 |
| 水利、环境和公共设施管理业 | | | | | | 20 | |
| 教育 | 307 | 259 | 802 | 32 | 207 | 12654 | 635 |
| 卫生、社会保障和社会福利业 | 23 | 10 | 79 | 1 | | 2093 | 98 |
| 文化、体育和娱乐业 | | | | | | 4 | |
| **四、按地区分组** | | | | | | | |
| 太原市 | 1660 | 809 | 1722 | 46 | 2859 | 14021 | 547 |
| 大同市 | 72 | 31 | 56 | | | 1293 | 42 |
| 阳泉市 | 55 | 28 | 65 | 1 | 1400 | 108 | |
| 长治市 | 195 | 85 | 72 | 3 | 202 | 730 | 53 |
| 晋城市 | 109 | 36 | 31 | | | 426 | |
| 朔州市 | 10 | 3 | 4 | | | 9 | |
| 晋中市 | 192 | 87 | 120 | 2 | 500 | 1069 | 107 |
| 运城市 | 200 | 71 | 146 | 34 | | 613 | 11 |
| 忻州市 | 23 | 7 | 17 | | | 349 | 19 |
| 临汾市 | 96 | 37 | 54 | 28 | 40 | 926 | 28 |
| 吕梁市 | 17 | 11 | 12 | 3 | | 338 | 21 |

# 5-2 企业研究与试验发展(R&D)活动产出

| 项　　目 | 专利申请数(件) | #发明专利 | 有效发明专利数(件) | 专利所有权转让及许可数(件) | 专利所有权转让与许可收入(万元) | 发表科技论文(篇) | 出版科技著作(种) |
|---|---|---|---|---|---|---|---|
| **总　　计** | **2045** | **768** | **942** | **80** | **2142** | **2682** | **1** |
| **一、按登记注册类型分组** | | | | | | | |
| 内资企业 | 1958 | 739 | 877 | 80 | 2142 | 2672 | 1 |
| 国有企业 | 282 | 96 | 98 | 2 | | 517 | 1 |
| 集体企业 | 2 | 1 | 5 | | | 2 | |
| 股份合作企业 | 2 | | | | | 1 | |
| 有限责任公司 | 1230 | 475 | 501 | 71 | 1430 | 1952 | |
| 股份有限公司 | 216 | 80 | 128 | 5 | 212 | 177 | |
| 私营企业 | 225 | 86 | 144 | 2 | 500 | 23 | |
| 其他内资企业 | 1 | 1 | 1 | | | | |
| 港、澳、台商投资企业 | 64 | 18 | 54 | | | | |
| 外商投资企业 | 23 | 11 | 11 | | | 10 | |
| **二、按隶属关系分组** | | | | | | | |
| 中央 | 631 | 231 | 302 | 2 | | 872 | 1 |
| 地方 | 1414 | 537 | 640 | 78 | 2142 | 1810 | |
| **三、按行业分组** | | | | | | | |
| 农业 | 6 | 5 | 4 | | | 3 | |
| 林业 | | | | | | | |
| 畜牧业 | 2 | | | | | 1 | |
| 农、林、牧、渔服务业 | | | | | | | |
| 煤炭开采和洗选业 | 171 | 60 | 71 | 2 | 202 | 1166 | |
| 农副食品加工业 | 25 | 1 | 1 | | | 2 | |
| 食品制造业 | 59 | 13 | 29 | 1 | | 23 | |
| 饮料制造业 | 20 | 10 | 8 | 2 | | 6 | |
| 烟草制品业 | | | 1 | | | | |
| 纺织业 | 8 | 6 | 11 | | | 3 | |
| 印刷业和记录媒介的复制 | 2 | 1 | | | | | |
| 文教体育用品制造业 | 5 | | 2 | | | | |
| 石油加工、炼焦及核燃料加工业 | 42 | 20 | 25 | 1 | 30 | 76 | |
| 化学原料及化学制品制造业 | 82 | 47 | 43 | 2 | 10 | 76 | |
| 医药制造业 | 76 | 23 | 57 | 2 | 500 | 19 | |
| 橡胶制品业 | | | 10 | | | | |
| 塑料制品业 | 7 | 3 | 9 | | | | |
| 非金属矿物制品业 | 34 | 25 | 15 | 2 | 1400 | 28 | |

5-2 续表

| 项　　目 | 专利申请数(件) | #发明专利 | 有效发明专利数(件) | 专利所有权转让及许可数(件) | 专利所有权转让与许可收入(万元) | 发表科技论文(篇) | 出版科技著作(种) |
|---|---|---|---|---|---|---|---|
| 黑色金属冶炼及压延加工业 | 379 | 124 | 117 | 28 | | 161 | |
| 有色金属冶炼及压延加工业 | 36 | 22 | 66 | 34 | | 7 | |
| 金属制品业 | 11 | 2 | 6 | | | 15 | |
| 通用设备制造业 | 84 | 41 | 56 | | | 19 | |
| 专用设备制造业 | 404 | 161 | 178 | | | 160 | |
| 交通运输设备制造业 | 75 | 26 | 52 | | | 23 | |
| 电气机械及器材制造业 | 173 | 49 | 43 | | | 87 | |
| 通信设备、计算机及其他电子设备制造业 | 10 | 4 | 9 | | | 6 | |
| 仪器仪表及文化、办公用机械制造业 | 41 | 30 | 25 | | | 25 | |
| 工艺品及其他制造业 | | | | | | | |
| 电力、热力的生产和供应业 | 54 | 26 | 22 | | | 211 | |
| 房屋和土木工程建筑业 | 128 | 26 | 39 | 5 | | 427 | |
| 建筑安装业 | 12 | 2 | 4 | | | 19 | |
| 电信和其他信息传输服务业 | 12 | 1 | | | | 1 | |
| 计算机服务业 | 4 | 1 | 1 | | | | |
| 软件业 | 8 | 8 | | | | | |
| 银行业 | 1 | 1 | | | | | |
| 商务服务业 | 4 | 2 | 21 | | | | |
| 研究与试验发展 | 67 | 25 | 8 | | | 41 | 1 |
| 专业技术服务业 | | | | | | 70 | |
| 地质勘查业 | | | | | | 7 | |
| 卫生 | 3 | 3 | 9 | 1 | | | |
| **四、按地区分组** | | | | | | | |
| 太原市 | 1160 | 416 | 452 | 9 | | 1285 | 1 |
| 大同市 | 52 | 20 | 37 | | | 552 | |
| 阳泉市 | 55 | 28 | 65 | 1 | 1400 | 100 | |
| 长治市 | 184 | 82 | 66 | 3 | 202 | 78 | |
| 晋城市 | 109 | 36 | 31 | | | 318 | |
| 朔州市 | 10 | 3 | 4 | | | 8 | |
| 晋中市 | 162 | 68 | 92 | 2 | 500 | 24 | |
| 运城市 | 192 | 64 | 121 | 34 | | 113 | |
| 忻州市 | 14 | 6 | 11 | | | 5 | |
| 临汾市 | 93 | 35 | 53 | 28 | 40 | 173 | |
| 吕梁市 | 14 | 10 | 10 | 3 | | 26 | |

# 5-3 工业企业研究与试验发展(R&D)活动产出

| 项目 | 专利申请数(件) | #发明专利 | 有效发明专利数(件) | 专利所有权转让及许可数(件) | 专利所有权转让与许可收入(万元) | 发表科技论文(篇) | 出版科技著作(种) |
|---|---|---|---|---|---|---|---|
| **总计** | **1798** | **694** | **856** | **74** | **2142** | **2113** | |
| **一、按登记注册类型分组** | | | | | | | |
| 内资企业 | 1711 | 665 | 791 | 74 | 2142 | 2103 | |
| 国有企业 | 179 | 65 | 78 | | | 327 | |
| 集体企业 | 2 | 1 | 5 | | | 2 | |
| 股份合作企业 | 2 | | | | | 1 | |
| 有限责任公司 | 1118 | 450 | 469 | 68 | 1430 | 1578 | |
| 股份有限公司 | 197 | 72 | 115 | 4 | 212 | 174 | |
| 私营企业 | 213 | 77 | 124 | 2 | 500 | 21 | |
| 港、澳、台商投资企业 | 64 | 18 | 54 | | | | |
| 外商投资企业 | 23 | 11 | 11 | | | 10 | |
| **二、按行业分组** | | | | | | | |
| 煤炭开采和洗选业 | 171 | 60 | 71 | 2 | 202 | 1166 | |
| 农副食品加工业 | 25 | 1 | 1 | | | 2 | |
| 食品制造业 | 59 | 13 | 29 | 1 | | 23 | |
| 饮料制造业 | 20 | 10 | 8 | 2 | | 6 | |
| 烟草制品业 | | | 1 | | | | |
| 纺织业 | 8 | 6 | 11 | | | 3 | |
| 印刷业和记录媒介的复制 | 2 | 1 | | | | | |
| 文教体育用品制造业 | 5 | | 2 | | | | |
| 石油加工、炼焦及核燃料加工业 | 42 | 20 | 25 | 1 | 30 | 76 | |
| 化学原料及化学制品制造业 | 82 | 47 | 43 | 2 | 10 | 76 | |
| 医药制造业 | 76 | 23 | 57 | 2 | 500 | 19 | |
| 橡胶制品业 | | | 10 | | | | |

5-3 续表

| 项 目 | 专利申请数(件) | #发明专利 | 有效发明专利数(件) | 专利所有权转让及许可数(件) | 专利所有权转让与许可收入(万元) | 发表科技论文(篇) | 出版科技著作(种) |
|---|---|---|---|---|---|---|---|
| 塑料制品业 | 7 | 3 | 9 | | | | |
| 非金属矿物制品业 | 34 | 25 | 15 | 2 | 1400 | 28 | |
| 黑色金属冶炼及压延加工业 | 379 | 124 | 117 | 28 | | 161 | |
| 有色金属冶炼及压延加工业 | 36 | 22 | 66 | 34 | | 7 | |
| 金属制品业 | 11 | 2 | 6 | | | 15 | |
| 通用设备制造业 | 84 | 41 | 56 | | | 19 | |
| 专用设备制造业 | 404 | 161 | 178 | | | 160 | |
| 交通运输设备制造业 | 75 | 26 | 52 | | | 23 | |
| 电气机械及器材制造业 | 173 | 49 | 43 | | | 87 | |
| 通信设备、计算机及其他电子设备制造业 | 10 | 4 | 9 | | | 6 | |
| 仪器仪表及文化、办公用机械制造业 | 41 | 30 | 25 | | | 25 | |
| 电力、热力的生产和供应业 | 54 | 26 | 22 | | | 211 | |
| **三、按地区分组** | | | | | | | |
| 太原市 | 926 | 349 | 373 | 3 | | 768 | |
| 大同市 | 52 | 20 | 37 | | | 552 | |
| 阳泉市 | 55 | 28 | 62 | 1 | 1400 | 91 | |
| 长治市 | 178 | 78 | 62 | 3 | 202 | 75 | |
| 晋城市 | 108 | 35 | 31 | | | 313 | |
| 朔州市 | 9 | 3 | 4 | | | 8 | |
| 晋中市 | 162 | 68 | 92 | 2 | 500 | 21 | |
| 运城市 | 190 | 62 | 121 | 34 | | 113 | |
| 忻州市 | 14 | 6 | 11 | | | 5 | |
| 临汾市 | 90 | 35 | 53 | 28 | 40 | 141 | |
| 吕梁市 | 14 | 10 | 10 | 3 | | 26 | |

## 5-4 非工业企业研究与试验发展(R&D)活动产出

| 项目 | 专利申请数(件) | #发明专利 | 有效发明专利数(件) | 专利所有权转让及许可数(件) | 专利所有权转让与许可收入(万元) | 发表科技论文(篇) | 出版科技著作(种) |
|---|---|---|---|---|---|---|---|
| **总计** | **247** | **74** | **86** | **6** | | **569** | **1** |
| **一、按登记注册类型分组** | | | | | | | |
| 内资企业 | 247 | 74 | 86 | 6 | | 569 | 1 |
| 国有企业 | 103 | 31 | 20 | 2 | | 190 | 1 |
| 有限责任公司 | 112 | 25 | 32 | 3 | | 374 | |
| 股份有限公司 | 19 | 8 | 13 | 1 | | 3 | |
| 私营企业 | 12 | 9 | 20 | | | 2 | |
| 其他内资企业 | 1 | 1 | 1 | | | | |
| **二、按行业分组** | | | | | | | |
| 农业 | 6 | 5 | 4 | | | 3 | |
| 畜牧业 | 2 | | | | | 1 | |
| 房屋和土木工程建筑业 | 128 | 26 | 39 | 5 | | 427 | |
| 建筑安装业 | 12 | 2 | 4 | | | 19 | |
| 电信和其他信息传输服务业 | 12 | 1 | | | | 1 | |
| 计算机服务业 | 4 | 1 | 1 | | | | |
| 软件业 | 8 | 8 | | | | | |
| 银行业 | 1 | 1 | | | | | |
| 商务服务业 | 4 | 2 | 21 | | | | |
| 研究与试验发展 | 67 | 25 | 8 | | | 41 | 1 |
| 专业技术服务业 | | | | | | 70 | |
| 卫生 | 3 | 3 | 9 | 1 | | | |
| **三、按地区分组** | | | | | | | |
| 太原市 | 234 | 67 | 79 | 6 | | 517 | 1 |
| 阳泉市 | | | 3 | | | 9 | |
| 长治市 | 6 | 4 | 4 | | | 3 | |
| 晋城市 | 1 | 1 | | | | 5 | |
| 朔州市 | 1 | | | | | | |
| 晋中市 | | | | | | 3 | |
| 运城市 | 2 | 2 | | | | | |
| 临汾市 | 3 | | | | | 32 | |

## 5-5　政府属研究机构研究与试验发展(R&D)活动产出

| 项　　目 | 专利申请数(件) | #发明专利 | 有效发明专利数(件) | 专利所有权转让及许可数(件) | 专利所有权转让与许可收入(万元) | 发表科技论文(篇) | 出版科技著作(种) |
|---|---|---|---|---|---|---|---|
| **总　　计** | **238** | **159** | **475** | **6** | **2652** | **2127** | **91** |
| **一、按隶属关系分组** | | | | | | | |
| 中央 | 175 | 127 | 429 | 6 | 2652 | 578 | 1 |
| 地方 | 63 | 32 | 46 | | | 1549 | 90 |
| **二、按行业分组** | | | | | | | |
| 科学研究、技术服务和地质勘查业 | 238 | 159 | 475 | 6 | 2652 | 2127 | 91 |
| **三、按地区分组** | | | | | | | |
| 太原市 | 198 | 135 | 449 | 5 | 2652 | 1727 | 85 |
| 大同市 | 16 | 10 | 8 | | | 76 | |
| 阳泉市 | | | | | | 6 | |
| 长治市 | 3 | | | | | 35 | 1 |
| 晋城市 | | | | | | 5 | |
| 朔州市 | | | | | | 1 | |
| 晋中市 | 16 | 10 | 10 | | | 116 | 3 |
| 运城市 | 3 | 3 | 5 | | | 54 | 1 |
| 忻州市 | | | | | | 42 | |
| 临汾市 | 2 | 1 | 1 | | | 33 | 1 |
| 吕梁市 | | | 2 | | | 32 | |

## 5-6　高等学校研究与试验发展(R&D)活动产出

| 项　　目 | 专利申请数(件) | #发明专利 | 有效发明专利数(件) | 专利所有权转让及许可数(件) | 专利所有权转让与许可收入(万元) | 发表科技论文(篇) | 出版科技著作(种) |
|---|---|---|---|---|---|---|---|
| **总　　计** | **317** | **263** | **872** | **32** | **207** | **13275** | **660** |
| **一、按隶属关系分组** | | | | | | | |
| 地方 | 317 | 263 | 872 | 32 | 207 | 13275 | 660 |
| **二、按行业分组** | | | | | | | |
| 教育 | 307 | 259 | 802 | 32 | 207 | 12654 | 635 |
| 卫生、社会保障和社会福利业 | 10 | 4 | 70 | | | 621 | 25 |
| **三、按地区分组** | | | | | | | |
| 太原市 | 286 | 245 | 812 | 32 | 207 | 9987 | 429 |
| 大同市 | 4 | 1 | 11 | | | 554 | 41 |
| 长治市 | 3 | 3 | 6 | | | 353 | 25 |
| 晋中市 | 14 | 9 | 18 | | | 919 | 94 |
| 运城市 | 4 | 4 | 20 | | | 446 | 10 |
| 忻州市 | 5 | | 5 | | | 270 | 19 |
| 临汾市 | 1 | 1 | | | | 717 | 27 |
| 吕梁市 | | | | | | 29 | 15 |

## 5-7 其他事业单位研究与试验发展(R&D)活动产出

| 项目 | 专利申请数(件) | #发明专利 | 有效发明专利数(件) | 专利所有权转让及许可数(件) | 专利所有权转让与许可收入(万元) | 发表科技论文(篇) | 出版科技著作(种) |
|---|---|---|---|---|---|---|---|
| **总　计** | **29** | **15** | **10** | | | **1798** | **76** |
| **一、按行业分组** | | | | | | | |
| 农、林、牧、渔业 | 4 | 3 | 3 | | | 66 | 3 |
| 科学研究、技术服务和地质勘查业 | 15 | 9 | 7 | | | 236 | |
| 水利、环境和公共设施管理业 | | | | | | 20 | |
| 卫生、社会保障和社会福利业 | 10 | 3 | | | | 1472 | 73 |
| 文化、体育和娱乐业 | | | | | | 4 | |
| **二、按地区分组** | | | | | | | |
| 太原市 | 16 | 13 | 9 | | | 1022 | 32 |
| 大同市 | | | | | | 111 | 1 |
| 阳泉市 | | | | | | 2 | |
| 长治市 | 5 | | | | | 264 | 27 |
| 晋城市 | | | | | | 103 | |
| 晋中市 | | | | | | 10 | 10 |
| 运城市 | 1 | | | | | | |
| 忻州市 | 4 | 1 | 1 | | | 32 | |
| 临汾市 | | | | | | 3 | |
| 吕梁市 | 3 | 1 | | | | 251 | 6 |

## 5-8 内资企事业单位研究与试验发展(R&D)活动产出

| 项目 | 专利申请数(件) | #发明专利 | 有效发明专利数(件) | 专利所有权转让及许可数(件) | 专利所有权转让与许可收入(万元) | 发表科技论文(篇) | 出版科技著作(种) |
|---|---|---|---|---|---|---|---|
| **总　计** | **2542** | **1176** | **2234** | **118** | **5001** | **19872** | **828** |
| **一、按行业分组** | | | | | | | |
| 农、林、牧、渔业 | 12 | 8 | 7 | | | 70 | 3 |
| 采矿业 | 171 | 60 | 71 | 2 | 202 | 1166 | |
| 制造业 | 1486 | 579 | 698 | 72 | 1940 | 728 | |
| 电力、燃气及水的生产和供应业 | 54 | 26 | 22 | | | 209 | |
| 建筑业 | 140 | 28 | 43 | 5 | | 446 | |
| 信息传输、计算机服务和软件业 | 24 | 10 | 1 | | | 1 | |
| 金融业 | 1 | 1 | | | | | |
| 租赁和商务服务业 | 4 | 2 | 21 | | | | |
| 科学研究、技术服务和地质勘查业 | 320 | 193 | 490 | 6 | 2652 | 2481 | 92 |
| 水利、环境和公共设施管理业 | | | | | | 20 | |
| 居民服务和其他服务业 | | | | | | | |
| 教育 | 307 | 259 | 802 | 32 | 207 | 12654 | 635 |
| 卫生、社会保障和社会福利业 | 23 | 10 | 79 | 1 | | 2093 | 98 |
| 文化、体育和娱乐业 | | | | | | 4 | |
| **二、按地区分组** | | | | | | | |
| 太原市 | 1644 | 801 | 1713 | 46 | 2859 | 14018 | 547 |
| 大同市 | 71 | 30 | 56 | | | 1291 | 42 |
| 阳泉市 | 55 | 28 | 65 | 1 | 1400 | 108 | |
| 长治市 | 193 | 84 | 71 | 3 | 202 | 730 | 53 |
| 晋城市 | 109 | 36 | 30 | | | 424 | |
| 朔州市 | 10 | 3 | 4 | | | 9 | |
| 晋中市 | 160 | 72 | 67 | 2 | 500 | 1067 | 107 |
| 运城市 | 198 | 70 | 146 | 34 | | 613 | 11 |
| 忻州市 | 23 | 7 | 17 | | | 349 | 19 |
| 临汾市 | 62 | 34 | 53 | 28 | 40 | 925 | 28 |
| 吕梁市 | 17 | 11 | 12 | 3 | | 338 | 21 |

## 5-9 国有企事业单位研究与试验发展(R&D)活动产出

| 项目 | 专利申请数(件) | #发明专利 | 有效发明专利数(件) | 专利所有权转让及许可数(件) | 专利所有权转让与许可收入(万元) | 发表科技论文(篇) | 出版科技著作(种) |
|---|---|---|---|---|---|---|---|
| **总计** | **859** | **527** | **1450** | **40** | **2859** | **17681** | **828** |
| **一、按行业分组** | | | | | | | |
| 农、林、牧、渔业 | 3 | 3 | 3 | | | 61 | 3 |
| 采矿业 | | | | | | 3 | |
| 制造业 | 125 | 39 | 56 | | | 118 | |
| 电力、燃气及水的生产和供应业 | 54 | 26 | 22 | | | 206 | |
| 建筑业 | 34 | 5 | 11 | 2 | | 72 | |
| 金融业 | 1 | 1 | | | | | |
| 租赁和商务服务业 | 1 | | 1 | | | | |
| 科学研究、技术服务和地质勘查业 | 314 | 187 | 485 | 6 | 2652 | 2452 | 92 |
| 水利、环境和公共设施管理业 | | | | | | 20 | |
| 教育 | 307 | 259 | 802 | 32 | 207 | 12654 | 635 |
| 卫生、社会保障和社会福利业 | 20 | 7 | 70 | | | 2091 | 98 |
| 文化、体育和娱乐业 | | | | | | 4 | |
| **二、按地区分组** | | | | | | | |
| 太原市 | 657 | 448 | 1331 | 39 | 2859 | 13104 | 547 |
| 大同市 | 21 | 12 | 22 | | | 741 | 42 |
| 阳泉市 | | | | | | 8 | |
| 长治市 | 32 | 10 | 19 | | | 652 | 53 |
| 晋城市 | 1 | 1 | | | | 113 | |
| 朔州市 | | | | | | 7 | |
| 晋中市 | 34 | 19 | 30 | | | 1050 | 107 |
| 运城市 | 97 | 33 | 39 | | | 585 | 11 |
| 忻州市 | 9 | 1 | 6 | | | 347 | 19 |
| 临汾市 | 5 | 2 | 1 | | | 761 | 28 |
| 吕梁市 | 3 | 1 | 2 | | | 313 | 21 |

## 5-10 外商投资企事业单位研究与试验发展(R&D)活动产出

| 项目 | 专利申请数(件) | #发明专利 | 有效发明专利数(件) | 专利所有权转让及许可数(件) | 专利所有权转让与许可收入(万元) | 发表科技论文(篇) | 出版科技著作(种) |
|---|---|---|---|---|---|---|---|
| **总计** | **23** | **11** | **11** | | | **10** | |
| **一、按行业分组** | | | | | | | |
| 制造业 | 23 | 11 | 11 | | | 8 | |
| 电力、燃气及水的生产和供应业 | | | | | | 2 | |
| **二、按地区分组** | | | | | | | |
| 太原市 | 16 | 8 | 9 | | | 3 | |
| 大同市 | 1 | 1 | | | | 2 | |
| 长治市 | 1 | 1 | 1 | | | | |
| 晋城市 | | | 1 | | | 2 | |
| 晋中市 | | | | | | 2 | |
| 运城市 | 2 | 1 | | | | | |
| 临汾市 | 3 | | | | | 1 | |

## 5-11 港澳台商企事业单位研究与试验发展(R&D)活动产出

| 项　　目 | 专利申请数(件) | #发明专利 | 有效发明专利数(件) | 专利所有权转让及许可数(件) | 专利所有权转让与许可收入(万元) | 发表科技论文(篇) | 出版科技著作(种) |
|---|---|---|---|---|---|---|---|
| **总　　计** | **64** | **18** | **54** | | | | |
| **一、按行业分组** | | | | | | | |
| 制造业 | 64 | 18 | 54 | | | | |
| **二、按地区分组** | | | | | | | |
| 长治市 | 1 | | | | | | |
| 晋中市 | 32 | 15 | 53 | | | | |
| 临汾市 | 31 | 3 | 1 | | | | |

## 5-12 各地区按行业分企事业单位研究与试验发展(R&D)活动产出

| 地　　区 | 农、林、牧、渔业 | | | | | | |
|---|---|---|---|---|---|---|---|
| | 专利申请数(件) | #发明专利 | 有效发明专利数(件) | 专利所有权转让及许可数(件) | 专利所有权转让与许可收入(万元) | 发表科技论文(篇) | 出版科技著作(种) |
| **总　计** | **12** | **8** | **7** | | | **70** | **3** |
| **按地区分组** | | | | | | | |
| 太原市 | 5 | 4 | 3 | | | 42 | 2 |
| 大同市 | | | | | | 3 | 1 |
| 阳泉市 | | | | | | | |
| 长治市 | 5 | 4 | 4 | | | 8 | |
| 晋城市 | | | | | | 17 | |
| 朔州市 | 1 | | | | | | |
| 晋中市 | | | | | | | |
| 运城市 | 1 | | | | | | |
| 忻州市 | | | | | | | |
| 临汾市 | | | | | | | |
| 吕梁市 | | | | | | | |

5-12　续表 1

| 地　　区 | 采矿业 | | | | | | |
|---|---|---|---|---|---|---|---|
| | 专利申请数(件) | #发明专利 | 有效发明专利数(件) | 专利所有权转让及许可数(件) | 专利所有权转让与许可收入(万元) | 发表科技论文(篇) | 出版科技著作(种) |
| **总　计** | **171** | **60** | **71** | **2** | **202** | **1166** | |
| **按地区分组** | | | | | | | |
| 太原市 | 15 | 3 | 8 | | | 210 | |
| 大同市 | 5 | 1 | 7 | | | 523 | |
| 阳泉市 | 16 | 4 | 23 | | | 73 | |
| 长治市 | 49 | 19 | 13 | 2 | 202 | 48 | |
| 晋城市 | 68 | 23 | 14 | | | 290 | |
| 朔州市 | 5 | 1 | 4 | | | | |
| 晋中市 | 10 | 9 | 1 | | | 2 | |
| 运城市 | | | | | | | |
| 忻州市 | | | | | | 3 | |
| 临汾市 | 1 | | 1 | | | | |
| 吕梁市 | 2 | | | | | 17 | |

5-12　续表 2

| 地　　区 | 制造业 | | | | | | |
|---|---|---|---|---|---|---|---|
| | 专利申请数(件) | #发明专利 | 有效发明专利数(件) | 专利所有权转让及许可数(件) | 专利所有权转让与许可收入(万元) | 发表科技论文(篇) | 出版科技著作(种) |
| **总　计** | **1573** | **608** | **763** | **72** | **1940** | **736** | |
| **按地区分组** | | | | | | | |
| 太原市 | 857 | 320 | 343 | 3 | | 358 | |
| 大同市 | 47 | 19 | 30 | | | 29 | |
| 阳泉市 | 39 | 24 | 39 | 1 | 1400 | 18 | |
| 长治市 | 129 | 59 | 49 | 1 | | 26 | |
| 晋城市 | 40 | 12 | 17 | | | 23 | |
| 朔州市 | 4 | 2 | | | | | |
| 晋中市 | 152 | 59 | 91 | 2 | 500 | 17 | |
| 运城市 | 190 | 62 | 121 | 34 | | 113 | |
| 忻州市 | 14 | 6 | 11 | | | 2 | |
| 临汾市 | 89 | 35 | 52 | 28 | 40 | 141 | |
| 吕梁市 | 12 | 10 | 10 | 3 | | 9 | |

5-12　续表 3

| 地　区 | 电力、燃气及水的生产和供应业 | | | | | | |
|---|---|---|---|---|---|---|---|
| | 专利申请数(件) | #发明专利 | 有效发明专利数(件) | 专利所有权转让及许可数(件) | 专利所有权转让与许可收入(万元) | 发表科技论文(篇) | 出版科技著作(种) |
| **总　计** | **54** | **26** | **22** | | | **211** | |
| **按地区分组** | | | | | | | |
| 太原市 | 54 | 26 | 22 | | | 200 | |
| 大同市 | | | | | | | |
| 阳泉市 | | | | | | | |
| 长治市 | | | | | | 1 | |
| 晋城市 | | | | | | | |
| 朔州市 | | | | | | 8 | |
| 晋中市 | | | | | | 2 | |
| 运城市 | | | | | | | |
| 忻州市 | | | | | | | |
| 临汾市 | | | | | | | |
| 吕梁市 | | | | | | | |

5-12　续表 4

| 地　区 | 建筑业 | | | | | | |
|---|---|---|---|---|---|---|---|
| | 专利申请数(件) | #发明专利 | 有效发明专利数(件) | 专利所有权转让及许可数(件) | 专利所有权转让与许可收入(万元) | 发表科技论文(篇) | 出版科技著作(种) |
| **总　计** | **140** | **28** | **43** | **5** | | **446** | |
| **按地区分组** | | | | | | | |
| 太原市 | 135 | 27 | 40 | 5 | | 397 | |
| 大同市 | | | | | | | |
| 阳泉市 | | | 3 | | | 9 | |
| 长治市 | 1 | | | | | | |
| 晋城市 | 1 | 1 | | | | 5 | |
| 朔州市 | | | | | | | |
| 晋中市 | | | | | | 3 | |
| 运城市 | | | | | | | |
| 忻州市 | | | | | | | |
| 临汾市 | 3 | | | | | 32 | |
| 吕梁市 | | | | | | | |

5-12　续表5

| 地　　区 | 信息传输、计算机服务和软件业 | | | | | | |
|---|---|---|---|---|---|---|---|
| | 专利申请数(件) | #发明专利 | 有效发明专利数(件) | 专利所有权转让及许可数(件) | 专利所有权转让与许可收入(万元) | 发表科技论文(篇) | 出版科技著作(种) |
| **总　计** | **24** | **10** | **1** | | | **1** | |
| **按地区分组** | | | | | | | |
| 太原市 | 24 | 10 | 1 | | | 1 | |
| 大同市 | | | | | | | |
| 阳泉市 | | | | | | | |
| 长治市 | | | | | | | |
| 晋城市 | | | | | | | |
| 朔州市 | | | | | | | |
| 晋中市 | | | | | | | |
| 运城市 | | | | | | | |
| 忻州市 | | | | | | | |
| 临汾市 | | | | | | | |
| 吕梁市 | | | | | | | |

5-12　续表6

| 地　　区 | 金融业 | | | | | | |
|---|---|---|---|---|---|---|---|
| | 专利申请数(件) | #发明专利 | 有效发明专利数(件) | 专利所有权转让及许可数(件) | 专利所有权转让与许可收入(万元) | 发表科技论文(篇) | 出版科技著作(种) |
| **总　计** | **1** | **1** | | | | | |
| **按地区分组** | | | | | | | |
| 太原市 | 1 | 1 | | | | | |
| 大同市 | | | | | | | |
| 阳泉市 | | | | | | | |
| 长治市 | | | | | | | |
| 晋城市 | | | | | | | |
| 朔州市 | | | | | | | |
| 晋中市 | | | | | | | |
| 运城市 | | | | | | | |
| 忻州市 | | | | | | | |
| 临汾市 | | | | | | | |
| 吕梁市 | | | | | | | |

5-12　续表7

| 地　区 | 租赁和商务服务业 | | | | | | |
|---|---|---|---|---|---|---|---|
| | 专利申请数(件) | #发明专利 | 有效发明专利数(件) | 专利所有权转让及许可数(件) | 专利所有权转让与许可收入(万元) | 发表科技论文(篇) | 出版科技著作(种) |
| **总　计** | **4** | **2** | **21** | | | | |
| **按地区分组** | | | | | | | |
| 太原市 | 2 | | 21 | | | | |
| 大同市 | | | | | | | |
| 阳泉市 | | | | | | | |
| 长治市 | | | | | | | |
| 晋城市 | | | | | | | |
| 朔州市 | | | | | | | |
| 晋中市 | | | | | | | |
| 运城市 | 2 | 2 | | | | | |
| 忻州市 | | | | | | | |
| 临汾市 | | | | | | | |
| 吕梁市 | | | | | | | |

5-12　续表8

| 地　区 | 科学研究、技术服务和地质勘查业 | | | | | | |
|---|---|---|---|---|---|---|---|
| | 专利申请数(件) | #发明专利 | 有效发明专利数(件) | 专利所有权转让及许可数(件) | 专利所有权转让与许可收入(万元) | 发表科技论文(篇) | 出版科技著作(种) |
| **总　计** | **320** | **193** | **490** | **6** | **2652** | **2481** | **92** |
| **按地区分组** | | | | | | | |
| 太原市 | 276 | 168 | 463 | 5 | 2652 | 2058 | 86 |
| 大同市 | 16 | 10 | 8 | | | 76 | |
| 阳泉市 | | | | | | 8 | |
| 长治市 | 3 | | | | | 35 | 1 |
| 晋城市 | | | | | | 9 | |
| 朔州市 | | | | | | 1 | |
| 晋中市 | 16 | 10 | 10 | | | 117 | 3 |
| 运城市 | 3 | 3 | 5 | | | 54 | 1 |
| 忻州市 | 4 | 1 | 1 | | | 58 | |
| 临汾市 | 2 | 1 | 1 | | | 33 | 1 |
| 吕梁市 | | | 2 | | | 32 | |

5-12　续表9

| 地　　区 | 水利、环境和公共设施管理业 | | | | | | |
|---|---|---|---|---|---|---|---|
| | 专利申请数(件) | #发明专利 | 有效发明专利数(件) | 专利所有权转让及许可数(件) | 专利所有权转让与许可收入(万元) | 发表科技论文(篇) | 出版科技著作(种) |
| **总　计** | | | | | | **20** | |
| **按地区分组** | | | | | | | |
| 太原市 | | | | | | 13 | |
| 大同市 | | | | | | | |
| 阳泉市 | | | | | | | |
| 长治市 | | | | | | | |
| 晋城市 | | | | | | | |
| 朔州市 | | | | | | | |
| 晋中市 | | | | | | 7 | |
| 运城市 | | | | | | | |
| 忻州市 | | | | | | | |
| 临汾市 | | | | | | | |
| 吕梁市 | | | | | | | |

5-12　续表10

| 地　　区 | 教育 | | | | | | |
|---|---|---|---|---|---|---|---|
| | 专利申请数(件) | #发明专利 | 有效发明专利数(件) | 专利所有权转让及许可数(件) | 专利所有权转让与许可收入(万元) | 发表科技论文(篇) | 出版科技著作(种) |
| **总　计** | **307** | **259** | **802** | **32** | **207** | **12654** | **635** |
| **按地区分组** | | | | | | | |
| 太原市 | 276 | 241 | 742 | 32 | 207 | 9366 | 404 |
| 大同市 | 4 | 1 | 11 | | | 554 | 41 |
| 阳泉市 | | | | | | | |
| 长治市 | 3 | 3 | 6 | | | 353 | 25 |
| 晋城市 | | | | | | | |
| 朔州市 | | | | | | | |
| 晋中市 | 14 | 9 | 18 | | | 919 | 94 |
| 运城市 | 4 | 4 | 20 | | | 446 | 10 |
| 忻州市 | 5 | | 5 | | | 270 | 19 |
| 临汾市 | 1 | 1 | | | | 717 | 27 |
| 吕梁市 | | | | | | 29 | 15 |

5-12　续表11

| 地　　区 | 卫生、社会保障和社会福利业 | | | | | | |
|---|---|---|---|---|---|---|---|
| | 专利申请数(件) | #发明专利 | 有效发明专利数(件) | 专利所有权转让及许可数(件) | 专利所有权转让与许可收入(万元) | 发表科技论文(篇) | 出版科技著作(种) |
| **总　计** | **23** | **10** | **79** | **1** | | **2093** | **98** |
| **按地区分组** | | | | | | | |
| 太原市 | 15 | 9 | 79 | 1 | | 1372 | 55 |
| 大同市 | | | | | | 108 | |
| 阳泉市 | | | | | | | |
| 长治市 | 5 | | | | | 259 | 27 |
| 晋城市 | | | | | | 82 | |
| 朔州市 | | | | | | | |
| 晋中市 | | | | | | 2 | 10 |
| 运城市 | | | | | | | |
| 忻州市 | | | | | | 16 | |
| 临汾市 | | | | | | 3 | |
| 吕梁市 | 3 | 1 | | | | 251 | 6 |

5-12　续表12

| 地　　区 | 文化、体育和娱乐业 | | | | | | |
|---|---|---|---|---|---|---|---|
| | 专利申请数(件) | #发明专利 | 有效发明专利数(件) | 专利所有权转让及许可数(件) | 专利所有权转让与许可收入(万元) | 发表科技论文(篇) | 出版科技著作(种) |
| **总　计** | | | | | | **4** | |
| **按地区分组** | | | | | | | |
| 太原市 | | | | | | 4 | |
| 大同市 | | | | | | | |
| 阳泉市 | | | | | | | |
| 长治市 | | | | | | | |
| 晋城市 | | | | | | | |
| 朔州市 | | | | | | | |
| 晋中市 | | | | | | | |
| 运城市 | | | | | | | |
| 忻州市 | | | | | | | |
| 临汾市 | | | | | | | |
| 吕梁市 | | | | | | | |

# 第六部分

# 研究(开发)机构情况

# 6-1 全省研究开发机构

| 项　　目 | 机构数(个) | R&D人员(人) | #博士毕业 | 硕士毕业 | R&D经费支出(万元) | 仪器设备原价(万元) | #进口 |
|---|---|---|---|---|---|---|---|
| **总　　计** | **628** | **18039** | **841** | **2331** | **234910** | **499039** | **95550** |
| **一、按机构组成类型分组** | | | | | | | |
| 政府部门办 | 182 | 6588 | 268 | 1058 | 100250 | 119991 | 45402 |
| 与国内高校合办 | 1 | 12 | 6 | 4 | 19 | | |
| 单位自办 | 445 | 11439 | 567 | 1269 | 134641 | 379049 | 50148 |
| **二、按学科分组** | | | | | | | |
| 自然科学 | 18 | 218 | 71 | 58 | 1154 | 11023 | 2628 |
| 农业科学 | 90 | 1255 | 55 | 159 | 6318 | 10585 | 1131 |
| 医药科学 | 57 | 663 | 36 | 128 | 1253 | 16705 | 8676 |
| 工程与技术科学 | 415 | 15548 | 628 | 1856 | 225119 | 456000 | 81827 |
| 人文与社会科学 | 48 | 356 | 52 | 130 | 1066 | 4726 | 1288 |
| **三、按项目服务的国民经济行业分组** | | | | | | | |
| 农、林、牧、渔业 | 87 | 1284 | 57 | 169 | 6463 | 11031 | 1288 |
| 农业 | 48 | 1089 | 46 | 140 | 5759 | 7608 | 684 |
| 林业 | 9 | 27 | 4 | 5 | 89 | 805 | 4 |
| 畜牧业 | 16 | 109 | 4 | 15 | 219 | 769 | 330 |
| 渔业 | 2 | | | | | 158 | 8 |
| 农、林、牧、渔服务业 | 12 | 58 | 3 | 9 | 396 | 1692 | 263 |
| 采矿业 | 29 | 2241 | 90 | 355 | 45329 | 61281 | 15459 |
| 煤炭开采和洗选业 | 29 | 2241 | 90 | 355 | 45329 | 61281 | 15459 |
| 制造业 | 288 | 8401 | 276 | 784 | 89657 | 235236 | 31797 |
| 农副食品加工业 | 6 | 10 | | 3 | 386 | 223 | |
| 食品制造业 | 11 | 78 | 5 | 5 | 1288 | 1635 | |
| 饮料制造业 | 7 | 194 | 1 | 6 | 2687 | 1089 | 78 |
| 纺织业 | 1 | | | | | 260 | |
| 印刷业和记录媒介的复制 | 1 | | | | | 264 | |
| 文教体育用品制造业 | 2 | 117 | | | 514 | 817 | |
| 石油加工、炼焦及核燃料加工业 | 14 | 245 | 4 | 47 | 3100 | 9242 | 550 |
| 化学原料及化学制品制造业 | 48 | 1724 | 84 | 163 | 17091 | 45000 | 10001 |
| 医药制造业 | 20 | 616 | 13 | 56 | 3362 | 12087 | 1909 |
| 橡胶制品业 | 3 | 89 | | 4 | 2318 | 2698 | 131 |
| 塑料制品业 | 3 | | | | | 973 | 62 |
| 非金属矿物制品业 | 23 | 173 | 2 | 8 | 1579 | 3735 | |
| 黑色金属冶炼及压延加工业 | 8 | 552 | 4 | 35 | 5851 | 17786 | 8399 |
| 有色金属冶炼及压延加工业 | 10 | 279 | 10 | 21 | 3778 | 8892 | 450 |
| 金属制品业 | 5 | 47 | 11 | 14 | 188 | 1369 | |
| 通用设备制造业 | 24 | 664 | 30 | 67 | 2662 | 13933 | 4520 |
| 专用设备制造业 | 44 | 1971 | 26 | 163 | 24024 | 42194 | 3882 |
| 交通运输设备制造业 | 15 | 557 | 1 | 37 | 10353 | 29094 | 577 |
| 电气机械及器材制造业 | 13 | 415 | | 44 | 4580 | 20354 | 1239 |
| 通信设备、计算机及其他电子设备制造业 | 11 | 316 | 15 | 36 | 921 | 13630 | |
| 仪器仪表及文化、办公用机械制造业 | 15 | 343 | 69 | 77 | 4950 | 9922 | |
| 工艺品及其他制造业 | 4 | 9 | | | 26 | 39 | |
| 电力、燃气及水的生产和供应业 | 7 | 31 | 5 | 7 | 195 | 11415 | 29 |
| 电力、热力的生产和供应业 | 6 | 20 | | 3 | 174 | 11382 | 29 |
| 水的生产和供应业 | 1 | 11 | 5 | 4 | 20 | 32 | |

6-1 续表

| 项 目 | 机构数(个) | R&D人员(人) | #博士毕业 | 硕士毕业 | R&D经费支出(万元) | 仪器设备原价(万元) | #进口 |
|---|---|---|---|---|---|---|---|
| 建筑业 | 42 | 363 | 4 | 72 | 1499 | 58343 | 1998 |
| 房屋和土木工程建筑业 | 36 | 343 | 4 | 71 | 1433 | 57953 | 1925 |
| 建筑安装业 | 6 | 21 | | 0 | 66 | 391 | 73 |
| 交通运输、仓储和邮政业 | 1 | | | | | 198 | |
| 铁路运输业 | 1 | | | | | 198 | |
| 信息传输、计算机服务和软件业 | 11 | 162 | 7 | 25 | 661 | 1452 | |
| 电信和其他信息传输服务业 | 2 | 17 | 0 | 1 | 20 | 713 | |
| 计算机服务业 | 4 | 111 | 6 | 22 | 407 | 450 | |
| 软件业 | 5 | 34 | 1 | 2 | 235 | 288 | |
| 金融业 | 1 | | | | | 978 | |
| 银行业 | 1 | | | | | 978 | |
| 租赁和商务服务业 | 7 | 126 | 1 | 5 | 1874 | 2506 | 387 |
| 商务服务业 | 7 | 126 | 1 | 5 | 1874 | 2506 | 387 |
| 科学研究、技术服务和地质勘查业 | 50 | 4589 | 334 | 729 | 87379 | 94604 | 34585 |
| 研究与试验发展 | 25 | 3627 | 326 | 725 | 86998 | 87895 | 34130 |
| 专业技术服务业 | 9 | 47 | 8 | 4 | 335 | 4171 | 457 |
| 科技交流和推广服务业 | 13 | 16 | | | 46 | 180 | |
| 地质勘查业 | 3 | | | | | 2357 | |
| 水利、环境和公共设施管理业 | 17 | 55 | 2 | 4 | 156 | 1575 | 30 |
| 水利管理业 | 12 | 39 | | | 102 | 1092 | 13 |
| 环境管理业 | 4 | 12 | 2 | 4 | 34 | 483 | 18 |
| 公共设施管理业 | 1 | 4 | | | 20 | | |
| 居民服务和其他服务业 | 1 | 9 | 3 | 5 | 3 | 2 | |
| 其他服务业 | 1 | 9 | 3 | 5 | 3 | 2 | |
| 教育 | 5 | 34 | 15 | 13 | 45 | 165 | |
| 教育 | 5 | 34 | 15 | 13 | 45 | 165 | |
| 卫生、社会保障和社会福利业 | 56 | 658 | 33 | 125 | 1235 | 16343 | 8626 |
| 卫生 | 56 | 658 | 33 | 125 | 1235 | 16343 | 8626 |
| 文化、体育和娱乐业 | 16 | 82 | 13 | 37 | 399 | 1313 | 488 |
| 文化艺术业 | 14 | 82 | 13 | 37 | 399 | 731 | 240 |
| 体育 | 2 | | | | | 582 | 248 |
| 公共管理和社会组织 | 10 | 6 | 2 | 2 | 15 | 2598 | 861 |
| 中国共产党机关 | 1 | 6 | 2 | 2 | 15 | 3 | |
| 国家机构 | 9 | | | | | 2596 | 861 |
| **四、按地区分组** | | | | | | | |
| 太原市 | 313 | 8946 | 671 | 1527 | 122403 | 289468 | 49220 |
| 大同市 | 22 | 1487 | 20 | 120 | 16511 | 49695 | 18134 |
| 阳泉市 | 30 | 385 | 6 | 21 | 8646 | 3926 | 450 |
| 长治市 | 80 | 2263 | 39 | 196 | 16270 | 28129 | 709 |
| 晋城市 | 28 | 245 | 6 | 36 | 8628 | 13912 | 166 |
| 朔州市 | 7 | 100 | 1 | 12 | 9014 | 9645 | 33 |
| 晋中市 | 54 | 1601 | 21 | 141 | 18442 | 35556 | 8813 |
| 运城市 | 25 | 1327 | 34 | 132 | 12027 | 35796 | 4636 |
| 忻州市 | 24 | 158 | 4 | 14 | 402 | 6232 | 177 |
| 临汾市 | 32 | 987 | 36 | 118 | 14141 | 25680 | 13092 |
| 吕梁市 | 13 | 541 | 3 | 17 | 8427 | 1001 | 121 |

# 6-2 企业研究开发机构

| 项　　目 | 机构数(个) | R&D人员(人) | #博士毕业 | 硕士毕业 | R&D经费支出(万元) | 仪器设备原价(万元) | #进口 |
|---|---|---|---|---|---|---|---|
| **总　　计** | **352** | **10547** | **135** | **947** | **133557** | **342873** | **47370** |
| **一、按机构组成类型分组** | | | | | | | |
| 政府部门办 | 5 | 502 | 4 | 103 | 5986 | 2808 | 498 |
| 单位自办 | 347 | 10045 | 131 | 844 | 127570 | 340065 | 46872 |
| **二、按学科分组** | | | | | | | |
| 农业科学 | 28 | 60 | 2 | 4 | 461 | 713 | 3 |
| 工程与技术科学 | 324 | 10487 | 134 | 943 | 133096 | 342160 | 47367 |
| **三、按项目服务的国民经济行业分组** | | | | | | | |
| 农、林、牧、渔业 | 28 | 60 | 2 | 4 | 461 | 713 | 3 |
| 农业 | 17 | 44 | 1 | 4 | 376 | 416 | |
| 林业 | 1 | 3 | 1 | | 49 | 200 | |
| 畜牧业 | 10 | 12 | | | 36 | 98 | 3 |
| 采矿业 | 23 | 2167 | 47 | 332 | 45183 | 58818 | 15206 |
| 煤炭开采和洗选业 | 23 | 2167 | 47 | 332 | 45183 | 58818 | 15206 |
| 制造业 | 234 | 7791 | 84 | 574 | 84216 | 212476 | 31103 |
| 农副食品加工业 | 5 | 10 | | 3 | 386 | 223 | |
| 食品制造业 | 9 | 78 | 5 | 5 | 1288 | 1625 | |
| 饮料制造业 | 6 | 191 | 1 | 6 | 2683 | 989 | 74 |
| 纺织业 | 1 | | | | | 260 | |
| 文教体育用品制造业 | 2 | 117 | | | 514 | 817 | |
| 石油加工、炼焦及核燃料加工业 | 14 | 245 | 4 | 47 | 3100 | 9242 | 550 |
| 化学原料及化学制品制造业 | 32 | 1469 | 29 | 84 | 15344 | 38444 | 9847 |
| 医药制造业 | 17 | 607 | 10 | 51 | 3320 | 11706 | 1851 |
| 橡胶制品业 | 3 | 89 | | 4 | 2318 | 2698 | 131 |
| 塑料制品业 | 2 | | | | | 834 | |
| 非金属矿物制品业 | 22 | 173 | 2 | 8 | 1579 | 3485 | |
| 黑色金属冶炼及压延加工业 | 8 | 552 | 4 | 35 | 5851 | 17786 | 8399 |
| 有色金属冶炼及压延加工业 | 9 | 270 | 7 | 16 | 3729 | 8813 | 450 |
| 金属制品业 | 4 | 24 | 2 | 2 | 56 | 469 | |
| 通用设备制造业 | 21 | 594 | 6 | 26 | 2464 | 13150 | 4520 |
| 专用设备制造业 | 39 | 1930 | 6 | 152 | 23731 | 41348 | 3881 |
| 交通运输设备制造业 | 14 | 515 | 1 | 36 | 10218 | 28122 | 162 |
| 电气机械及器材制造业 | 11 | 412 | | 44 | 4577 | 19917 | 1239 |
| 通信设备、计算机及其他电子设备制造业 | 6 | 300 | 4 | 32 | 681 | 11302 | |
| 仪器仪表及文化、办公用机械制造业 | 9 | 213 | 2 | 25 | 2378 | 1247 | |

6-2 续表

| 项　　目 | 机构数(个) | R&D人员(人) | #博士毕业 | 硕士毕业 | R&D经费支出(万元) | 仪器设备原价(万元) | #进口 |
|---|---|---|---|---|---|---|---|
| 电力、燃气及水的生产和供应业 | 6 | 20 | | 3 | 174 | 11382 | 29 |
| 电力、热力的生产和供应业 | 6 | 20 | | 3 | 174 | 11382 | 29 |
| 建筑业 | 41 | 226 | | 7 | 997 | 54661 | 633 |
| 房屋和土木工程建筑业 | 35 | 206 | | 6 | 931 | 54270 | 560 |
| 建筑安装业 | 6 | 21 | | | 66 | 391 | 73 |
| 交通运输、仓储和邮政业 | 1 | | | | | 198 | |
| 铁路运输业 | 1 | | | | | 198 | |
| 信息传输、计算机服务和软件业 | 9 | 154 | 2 | 23 | 630 | 1130 | |
| 电信和其他信息传输服务业 | 2 | 17 | | 1 | 20 | 713 | |
| 计算机服务业 | 3 | 103 | 1 | 20 | 376 | 365 | |
| 软件业 | 4 | 34 | 1 | 2 | 235 | 52 | |
| 金融业 | 1 | | | | | 978 | |
| 银行业 | 1 | | | | | 978 | |
| 租赁和商务服务业 | 7 | 126 | 1 | 5 | 1874 | 2506 | 387 |
| 商务服务业 | 7 | 126 | 1 | 5 | 1874 | 2506 | 387 |
| 水利、环境和公共设施管理业 | 1 | 4 | | | 20 | | |
| 公共设施管理业 | 1 | 4 | | | 20 | | |
| 卫生、社会保障和社会福利业 | 1 | | | | | 10 | 8 |
| 卫生 | 1 | | | | | 10 | 8 |
| **四、按地区分组** | | | | | | | |
| 太原市 | 138 | 3746 | 38 | 442 | 45786 | 161839 | 12761 |
| 大同市 | 11 | 839 | 12 | 36 | 6185 | 39287 | 13957 |
| 阳泉市 | 24 | 377 | 6 | 21 | 8638 | 3905 | 450 |
| 长治市 | 61 | 2118 | 35 | 179 | 15284 | 26855 | 61 |
| 晋城市 | 22 | 239 | 6 | 36 | 8578 | 13753 | 166 |
| 朔州市 | 5 | 93 | 1 | 12 | 8983 | 9609 | 29 |
| 晋中市 | 39 | 727 | 9 | 35 | 7393 | 24052 | 4527 |
| 运城市 | 17 | 1121 | 19 | 92 | 10809 | 35693 | 4601 |
| 忻州市 | 11 | 46 | 2 | 5 | 151 | 5899 | 112 |
| 临汾市 | 17 | 753 | 7 | 84 | 13441 | 21355 | 10706 |
| 吕梁市 | 7 | 488 | | 7 | 8309 | 626 | |

# 6-3 工业企业研究开发机构

| 项 目 | 机构数(个) | R&D人员(人) | #博士毕业 | 硕士毕业 | R&D经费支出(万元) | 仪器设备原价(万元) | #进口 |
|---|---|---|---|---|---|---|---|
| **总 计** | **261** | **9475** | **127** | **806** | **123588** | **281514** | **45841** |
| **一、按机构组成类型分组** | | | | | | | |
| 单位自办 | 261 | 9475 | 127 | 806 | 123588 | 281514 | 45841 |
| **二、按项目服务的国民经济行业分组** | | | | | | | |
| 采矿业 | 22 | 1665 | 43 | 229 | 39197 | 57655 | 14708 |
| 煤炭开采和洗选业 | 22 | 1665 | 43 | 229 | 39197 | 57655 | 14708 |
| 制造业 | 233 | 7791 | 84 | 574 | 84216 | 212476 | 31103 |
| 农副食品加工业 | 5 | 10 | | 3 | 386 | 223 | |
| 食品制造业 | 9 | 78 | 5 | 5 | 1288 | 1625 | |
| 饮料制造业 | 6 | 191 | 1 | 6 | 2683 | 989 | 74 |
| 纺织业 | 1 | | | | | 260 | |
| 文教体育用品制造业 | 2 | 117 | | | 514 | 817 | |
| 石油加工、炼焦及核燃料加工业 | 14 | 245 | 4 | 47 | 3100 | 9242 | 550 |
| 化学原料及化学制品制造业 | 32 | 1469 | 29 | 84 | 15344 | 38444 | 9847 |
| 医药制造业 | 17 | 607 | 10 | 51 | 3320 | 11706 | 1851 |
| 橡胶制品业 | 3 | 89 | | 4 | 2318 | 2698 | 131 |
| 塑料制品业 | 2 | | | | | 834 | |
| 非金属矿物制品业 | 21 | 173 | 2 | 8 | 1579 | 3485 | |
| 黑色金属冶炼及压延加工业 | 8 | 552 | 4 | 35 | 5851 | 17786 | 8399 |
| 有色金属冶炼及压延加工业 | 9 | 270 | 7 | 16 | 3729 | 8813 | 450 |
| 金属制品业 | 4 | 24 | 2 | 2 | 56 | 469 | |
| 通用设备制造业 | 21 | 594 | 6 | 26 | 2464 | 13150 | 4520 |
| 专用设备制造业 | 39 | 1930 | 6 | 152 | 23731 | 41348 | 3881 |
| 交通运输设备制造业 | 14 | 515 | 1 | 36 | 10218 | 28122 | 162 |
| 电气机械及器材制造业 | 11 | 412 | | 44 | 4577 | 19917 | 1239 |
| 通信设备、计算机及其他电子设备制造业 | 6 | 300 | 4 | 32 | 681 | 11302 | |
| 仪器仪表及文化、办公用机械制造业 | 9 | 213 | 2 | 25 | 2378 | 1247 | |
| 电力、燃气及水的生产和供应业 | 6 | 20 | | 3 | 174 | 11382 | 29 |
| 电力、热力的生产和供应业 | 6 | 20 | | 3 | 174 | 11382 | 29 |
| **三、按地区分组** | | | | | | | |
| 太原市 | 83 | 2772 | 31 | 306 | 36376 | 102507 | 11285 |
| 大同市 | 11 | 839 | 12 | 36 | 6185 | 39287 | 13957 |
| 阳泉市 | 21 | 373 | 6 | 21 | 8617 | 3677 | 450 |
| 长治市 | 38 | 2044 | 34 | 173 | 14834 | 26112 | 11 |
| 晋城市 | 17 | 236 | 6 | 36 | 8529 | 13531 | 163 |
| 朔州市 | 5 | 93 | 1 | 12 | 8983 | 9609 | 29 |
| 晋中市 | 37 | 715 | 9 | 35 | 7358 | 23909 | 4527 |
| 运城市 | 16 | 1116 | 19 | 92 | 10804 | 35692 | 4601 |
| 忻州市 | 10 | 46 | 2 | 5 | 151 | 5890 | 112 |
| 临汾市 | 16 | 753 | 7 | 84 | 13441 | 20674 | 10706 |
| 吕梁市 | 7 | 488 | | 7 | 8309 | 626 | |

# 6-4 非工业企业研究开发机构

| 项目 | 机构数(个) | R&D人员(人) | #博士毕业 | 硕士毕业 | R&D经费支出(万元) | 仪器设备原价(万元) | #进口 |
|---|---|---|---|---|---|---|---|
| **总计** | **91** | **1071** | **9** | **142** | **9969** | **61360** | **1529** |
| **一、按机构组成类型分组** | | | | | | | |
| 政府部门办 | 5 | 502 | 4 | 103 | 5986 | 2808 | 498 |
| 单位自办 | 86 | 569 | 5 | 39 | 3983 | 58551 | 1031 |
| **二、按项目服务的国民经济行业分组** | | | | | | | |
| 农、林、牧、渔业 | 28 | 60 | 2 | 4 | 461 | 713 | 3 |
| 农业 | 17 | 44 | 1 | 4 | 376 | 416 | |
| 林业 | 1 | 3 | 1 | | 49 | 200 | |
| 畜牧业 | 10 | 12 | | | 36 | 98 | 3 |
| 采矿业 | 1 | 502 | 4 | 103 | 5986 | 1163 | 498 |
| 煤炭开采和洗选业 | 1 | 502 | 4 | 103 | 5986 | 1163 | 498 |
| 制造业 | 1 | | | | | | |
| 非金属矿物制品业 | 1 | | | | | | |
| 建筑业 | 41 | 226 | | 7 | 997 | 54661 | 633 |
| 房屋和土木工程建筑业 | 35 | 206 | | 6 | 931 | 54270 | 560 |
| 建筑安装业 | 6 | 21 | | | 66 | 391 | 73 |
| 交通运输、仓储和邮政业 | 1 | | | | | 198 | |
| 铁路运输业 | 1 | | | | | 198 | |
| 信息传输、计算机服务和软件业 | 9 | 154 | 2 | 23 | 630 | 1130 | |
| 电信和其他信息传输服务业 | 2 | 17 | 0 | 1 | 20 | 713 | |
| 计算机服务业 | 3 | 103 | 1 | 20 | 376 | 365 | |
| 软件业 | 4 | 34 | 1 | 2 | 235 | 52 | |
| 金融业 | 1 | | | | | 978 | |
| 银行业 | 1 | | | | | 978 | |
| 租赁和商务服务业 | 7 | 126 | 1 | 5 | 1874 | 2506 | 387 |
| 商务服务业 | 7 | 126 | 1 | 5 | 1874 | 2506 | 387 |
| 水利、环境和公共设施管理业 | 1 | 4 | | | 20 | | |
| 公共设施管理业 | 1 | 4 | | | 20 | | |
| 卫生、社会保障和社会福利业 | 1 | | | | | 10 | 8 |
| 卫生 | 1 | | | | | 10 | 8 |
| **三、按学科分组** | | | | | | | |
| 农业科学 | 28 | 60 | 2 | 4 | 461 | 713 | 3 |
| 工程与技术科学 | 63 | 1012 | 7 | 137 | 9508 | 60646 | 1526 |
| **四、按地区分组** | | | | | | | |
| 太原市 | 55 | 974 | 7 | 136 | 9410 | 59332 | 1476 |
| 阳泉市 | 3 | 4 | | | 20 | 228 | |
| 长治市 | 23 | 73 | 1 | 6 | 449 | 743 | 50 |
| 晋城市 | 5 | 3 | 1 | | 49 | 222 | 3 |
| 晋中市 | 2 | 11 | | | 35 | 143 | |
| 运城市 | 1 | 5 | | | 5 | 1 | |
| 忻州市 | 1 | | | | | 9 | |
| 临汾市 | 1 | | | | | 682 | |

# 6–5 政府属研究机构

| 项目 | 机构数(个) | R&D人员(人) | #博士毕业 | 硕士毕业 | R&D经费支出(万元) | 仪器设备原价(万元) | #进口 |
|---|---|---|---|---|---|---|---|
| **总计** | **171** | **6023** | **246** | **945** | **94114** | **116613** | **44904** |
| **一、按学科分组** | | | | | | | |
| 自然科学 | 11 | 101 | 2 | 21 | 698 | 2356 | 276 |
| 农业科学 | 54 | 1149 | 47 | 144 | 5783 | 9102 | 1058 |
| 医药科学 | 19 | 257 | 15 | 69 | 731 | 13141 | 7856 |
| 工程与技术科学 | 54 | 4335 | 178 | 648 | 86059 | 87742 | 34459 |
| 人文与社会科学 | 33 | 181 | 4 | 63 | 843 | 4272 | 1255 |
| **二、按服务的国民经济行业分组** | | | | | | | |
| 农、林、牧、渔业 | 51 | 1178 | 49 | 154 | 5927 | 9548 | 1215 |
| 农业 | 26 | 1019 | 41 | 129 | 5342 | 6736 | 684 |
| 林业 | 8 | 24 | 3 | 5 | 40 | 605 | 4 |
| 畜牧业 | 3 | 77 | 2 | 11 | 150 | 358 | 257 |
| 渔业 | 2 | | | | | 158 | 8 |
| 农、林、牧、渔服务业 | 12 | 58 | 3 | 9 | 396 | 1692 | 263 |
| 采矿业 | 2 | | | | | 780 | 253 |
| 煤炭开采和洗选业 | 2 | | | | | 780 | 253 |
| 制造业 | 28 | 149 | | 19 | 1001 | 3160 | 694 |
| 农副食品加工业 | 1 | | | | | | |
| 食品制造业 | 2 | | | | | 10 | |
| 饮料制造业 | 1 | 3 | | | 4 | 100 | 4 |
| 印刷业和记录媒介的复制 | 1 | | | | | 264 | |
| 化学原料及化学制品制造业 | 5 | 91 | | 16 | 811 | 594 | 154 |
| 医药制造业 | 2 | 4 | | 2 | 25 | 308 | 58 |
| 塑料制品业 | 1 | | | | | 140 | 62 |
| 非金属矿物制品业 | 1 | | | | | 250 | |
| 专用设备制造业 | 3 | | | | | 67 | 1 |
| 交通运输设备制造业 | 1 | 42 | | 1 | 135 | 972 | 415 |
| 电气机械及器材制造业 | 1 | | | | | 387 | |
| 通信设备、计算机及其他电子设备制造业 | 4 | | | | | 28 | |
| 仪器仪表及文化、办公用机械制造业 | 1 | | | | | 4 | |
| 工艺品及其他制造业 | 4 | 9 | | | 26 | 39 | |
| 房屋和土木工程建筑业 | 1 | 137 | 4 | 65 | 502 | 3683 | 1365 |

6-5 续表

| 项目 | 机构数(个) | R&D人员(人) | #博士毕业 | 硕士毕业 | R&D经费支出(万元) | 仪器设备原价(万元) | #进口 |
|---|---|---|---|---|---|---|---|
| 信息传输、计算机服务和软件业 | 1 | | | | | 237 | |
| 软件业 | 1 | | | | | 237 | |
| 科学研究、技术服务和地质勘查业 | 33 | 4258 | 178 | 634 | 85560 | 80972 | 32234 |
| 研究与试验发展 | 11 | 4234 | 178 | 631 | 85288 | 74827 | 31777 |
| 专业技术服务业 | 6 | 8 | | 3 | 227 | 3608 | 457 |
| 科技交流和推广服务业 | 13 | 16 | | | 46 | 180 | |
| 地质勘查业 | 3 | | | | | 2357 | |
| 水利、环境和公共设施管理业 | 14 | 19 | | 1 | 33 | 1466 | 30 |
| 水利管理业 | 11 | 12 | | | 22 | 1077 | 13 |
| 环境管理业 | 3 | 7 | | 1 | 11 | 389 | 18 |
| 教育 | 2 | | | | | 160 | |
| 教育 | 2 | | | | | 160 | |
| 卫生、社会保障和社会福利业 | 18 | 257 | 15 | 69 | 731 | 12844 | 7798 |
| 卫生 | 18 | 257 | 15 | 69 | 731 | 12844 | 7798 |
| 文化、体育和娱乐业 | 12 | 25 | | 3 | 359 | 1169 | 455 |
| 文化艺术业 | 10 | 25 | | 3 | 359 | 587 | 207 |
| 体育 | 2 | | | | | 582 | 248 |
| 公共管理和社会组织 | 9 | | | | | 2596 | 861 |
| 国家机构 | 9 | | | | | 2596 | 861 |
| **三、按地区分组** | | | | | | | |
| 太原市 | 101 | 3975 | 218 | 715 | 69711 | 93469 | 36229 |
| 大同市 | 9 | 639 | 6 | 77 | 10325 | 10401 | 4177 |
| 阳泉市 | 6 | 8 | | | 8 | 21 | |
| 长治市 | 13 | 133 | 1 | 11 | 980 | 534 | 58 |
| 晋城市 | 5 | 6 | | | 51 | 9 | |
| 朔州市 | 2 | 7 | | | 31 | 36 | 4 |
| 晋中市 | 5 | 790 | 6 | 73 | 10857 | 10719 | 4216 |
| 运城市 | 7 | 176 | 10 | 20 | 1216 | 101 | 35 |
| 忻州市 | 10 | 74 | 1 | 4 | 249 | 328 | 65 |
| 临汾市 | 8 | 165 | 2 | 16 | 586 | 621 | |
| 吕梁市 | 5 | 50 | 2 | 9 | 101 | 375 | 121 |

# 6-6 高等学校研究机构

| 项目 | 机构数(个) | R&D人员(人) | #博士毕业 | 硕士毕业 | R&D经费支出(万元) | 仪器设备原价(万元) | #进口 |
|---|---|---|---|---|---|---|---|
| **总计** | **83** | **1286** | **445** | **389** | **6888** | **38430** | **3046** |
| **一、按机构组成类型分组** | | | | | | | |
| 政府部门办 | 5 | 63 | 18 | 10 | 151 | 287 | |
| 与国内高校合办 | 1 | 12 | 6 | 4 | 19 | | |
| 单位自办 | 77 | 1211 | 421 | 375 | 6719 | 38144 | 3046 |
| **二、按学科分组** | | | | | | | |
| 自然科学 | 6 | 117 | 69 | 37 | 457 | 8384 | 2353 |
| 农业科学 | 8 | 46 | 6 | 11 | 74 | 770 | 70 |
| 医药科学 | 18 | 249 | 6 | 9 | 250 | 2738 | 590 |
| 工程与技术科学 | 36 | 699 | 316 | 265 | 5884 | 26084 | |
| 人文与社会科学 | 15 | 175 | 48 | 67 | 223 | 454 | 33 |
| **三、按项目服务的国民经济行业分组** | | | | | | | |
| 农、林、牧、渔业 | 8 | 46 | 6 | 11 | 74 | 770 | 70 |
| 农业 | 5 | 26 | 4 | 7 | 41 | 457 | |
| 畜牧业 | 3 | 20 | 2 | 4 | 34 | 313 | 70 |
| 采矿业 | 4 | 74 | 43 | 23 | 145 | 1683 | |
| 煤炭开采和洗选业 | 4 | 74 | 43 | 23 | 145 | 1683 | |
| 制造业 | 26 | 461 | 192 | 191 | 4440 | 19600 | |
| 化学原料及化学制品制造业 | 11 | 164 | 55 | 63 | 936 | 5963 | |
| 医药制造业 | 1 | 5 | 3 | 3 | 18 | 73 | |
| 有色金属冶炼及压延加工业 | 1 | 9 | 3 | 5 | 50 | 79 | |
| 金属制品业 | 1 | 23 | 9 | 12 | 132 | 900 | |
| 通用设备制造业 | 3 | 70 | 24 | 41 | 197 | 783 | |
| 专用设备制造业 | 2 | 41 | 20 | 11 | 293 | 780 | |
| 电气机械及器材制造业 | 1 | 3 | | | 3 | 50 | |
| 通信设备、计算机及其他电子设备制造业 | 1 | 16 | 11 | 4 | 240 | 2300 | |
| 仪器仪表及文化、办公用机械制造业 | 5 | 130 | 67 | 52 | 2572 | 8671 | |

6-6 续表

| 项目 | 机构数(个) | R&D人员(人) | #博士毕业 | 硕士毕业 | R&D经费支出(万元) | 仪器设备原价(万元) | #进口 |
|---|---|---|---|---|---|---|---|
| 电力、燃气及水的生产和供应业 | 1 | 11 | 5 | 4 | 20 | 32 | |
| 水的生产和供应业 | 1 | 11 | 5 | 4 | 20 | 32 | |
| 信息传输、计算机服务和软件业 | 1 | 8 | 5 | 2 | 31 | 85 | |
| 计算机服务业 | 1 | 8 | 5 | 2 | 31 | 85 | |
| 科学研究、技术服务和地质勘查业 | 16 | 331 | 156 | 95 | 1819 | 13348 | 2353 |
| 研究与试验发展 | 14 | 292 | 148 | 94 | 1710 | 13068 | 2353 |
| 专业技术服务业 | 2 | 39 | 8 | 1 | 109 | 280 | |
| 水利、环境和公共设施管理业 | 1 | 5 | 2 | 3 | 23 | 94 | |
| 环境管理业 | 1 | 5 | 2 | 3 | 23 | 94 | |
| 居民服务和其他服务业 | 1 | 9 | 3 | 5 | 3 | 2 | |
| 其他服务业 | 1 | 9 | 3 | 5 | 3 | 2 | |
| 教育 | 3 | 34 | 15 | 13 | 45 | 5 | |
| 教育 | 3 | 34 | 15 | 13 | 45 | 5 | |
| 卫生、社会保障和社会福利业 | 17 | 244 | 3 | 6 | 232 | 2665 | 590 |
| 卫生 | 17 | 244 | 3 | 6 | 232 | 2665 | 590 |
| 文化、体育和娱乐业 | 4 | 57 | 13 | 34 | 40 | 144 | 33 |
| 文化艺术业 | 4 | 57 | 13 | 34 | 40 | 144 | 33 |
| 公共管理和社会组织 | 1 | 6 | 2 | 2 | 15 | 3 | |
| 中国共产党机关 | 1 | 6 | 2 | 2 | 15 | 3 | |
| **四、按地区分组** | | | | | | | |
| 太原市 | 62 | 1119 | 402 | 324 | 6692 | 33207 | |
| 大同市 | 1 | 9 | 2 | 7 | 1 | 7 | |
| 长治市 | 3 | 12 | 3 | 6 | 6 | 740 | 590 |
| 晋中市 | 8 | 46 | 6 | 11 | 74 | 770 | 70 |
| 运城市 | 1 | 30 | 5 | 20 | 2 | 2 | |
| 忻州市 | 2 | 6 | | 3 | | | |
| 临汾市 | 6 | 64 | 27 | 18 | 112 | 3704 | 2386 |

# 6-7 其他事业单位研究开发机构

| 项　　目 | 机构数(个) | R&D人员(人) | #博士毕业 | 硕士毕业 | R&D经费支出(万元) | 仪器设备原价(万元) | #进口 |
|---|---|---|---|---|---|---|---|
| **总　　计** | **22** | **184** | **15** | **50** | **352** | **1123** | **230** |
| **一、按机构组成类型分组** | | | | | | | |
| 政府部门办 | 1 | | | | | 283 | |
| 单位自办 | 21 | 184 | 15 | 50 | 352 | 840 | 230 |
| **二、按项目服务的国民经济行业分组** | | | | | | | |
| 科学研究、技术服务和地质勘查业 | 1 | | | | | 283 | |
| 专业技术服务业 | 1 | | | | | 283 | |
| 水利、环境和公共设施管理业 | 1 | 27 | | | 80 | 15 | |
| 水利管理业 | 1 | 27 | | | 80 | 15 | |
| 卫生、社会保障和社会福利业 | 20 | 157 | 15 | 50 | 272 | 825 | 230 |
| 卫生 | 20 | 157 | 15 | 50 | 272 | 825 | 230 |
| **三、按地区分组** | | | | | | | |
| 太原市 | 12 | 106 | 13 | 45 | 214 | 953 | 230 |
| 大同市 | 1 | | | | | | |
| 长治市 | 3 | | | | | | |
| 晋城市 | 1 | | | | | 150 | |
| 晋中市 | 2 | 38 | | 2 | 117 | 15 | |
| 忻州市 | 1 | 32 | 1 | 2 | 2 | 5 | |
| 临汾市 | 1 | 5 | | | 2 | | |
| 吕梁市 | 1 | 3 | 1 | 1 | 17 | | |

## 6-8 内资企事业单位研究开发机构

| 项目 | 机构数(个) | R&D人员(人) | #博士毕业 | 硕士毕业 | R&D经费支出(万元) | 仪器设备原价(万元) | #进口 |
|---|---|---|---|---|---|---|---|
| **总计** | **607** | **17502** | **836** | **2301** | **230807** | **477802** | **93685** |
| **一、按机构组成类型分组** | | | | | | | |
| 政府部门办 | 182 | 6588 | 268 | 1058 | 100250 | 119991 | 45402 |
| 与国内高校合办 | 1 | 12 | 6 | 4 | 19 | | |
| 单位自办 | 424 | 10902 | 562 | 1239 | 130538 | 357812 | 48283 |
| **二、按学科分组** | | | | | | | |
| 自然科学 | 18 | 218 | 71 | 58 | 1154 | 11023 | 2628 |
| 农业科学 | 90 | 1255 | 55 | 159 | 6318 | 10585 | 1131 |
| 医药科学 | 57 | 663 | 36 | 128 | 1253 | 16705 | 8676 |
| 工程与技术科学 | 394 | 15010 | 622 | 1826 | 221016 | 434763 | 79962 |
| 人文与社会科学 | 48 | 356 | 52 | 130 | 1066 | 4726 | 1288 |
| **三、按项目服务的国民经济行业分组** | | | | | | | |
| 农、林、牧、渔业 | 87 | 1284 | 57 | 169 | 6463 | 11031 | 1288 |
| 农业 | 48 | 1089 | 46 | 140 | 5759 | 7608 | 684 |
| 林业 | 9 | 27 | 4 | 5 | 89 | 805 | 4 |
| 畜牧业 | 16 | 109 | 4 | 15 | 219 | 769 | 330 |
| 渔业 | 2 | | | | | 158 | 8 |
| 农、林、牧、渔服务业 | 12 | 58 | 3 | 9 | 396 | 1692 | 263 |
| 采矿业 | 29 | 2241 | 90 | 355 | 45329 | 61281 | 15459 |
| 煤炭开采和洗选业 | 29 | 2241 | 90 | 355 | 45329 | 61281 | 15459 |
| 制造业 | 270 | 7865 | 270 | 753 | 85557 | 214096 | 29947 |
| 农副食品加工业 | 6 | 10 | | 3 | 386 | 223 | |
| 食品制造业 | 11 | 78 | 5 | 5 | 1288 | 1635 | |
| 饮料制造业 | 7 | 194 | 1 | 6 | 2687 | 1089 | 78 |
| 纺织业 | 1 | | | | | 260 | |
| 印刷业和记录媒介的复制 | 1 | | | | | 264 | |
| 文教体育用品制造业 | 2 | 117 | | | 514 | 817 | |
| 石油加工、炼焦及核燃料加工业 | 9 | 210 | 4 | 47 | 2976 | 8863 | 550 |
| 化学原料及化学制品制造业 | 47 | 1621 | 81 | 163 | 17087 | 44952 | 10001 |
| 医药制造业 | 17 | 595 | 11 | 46 | 3162 | 5836 | 59 |
| 橡胶制品业 | 3 | 89 | | 4 | 2318 | 2698 | 131 |
| 塑料制品业 | 3 | | | | | 973 | 62 |
| 非金属矿物制品业 | 23 | 173 | 2 | 8 | 1579 | 3735 | |
| 黑色金属冶炼及压延加工业 | 8 | 552 | 4 | 35 | 5851 | 17786 | 8399 |
| 有色金属冶炼及压延加工业 | 10 | 279 | 10 | 21 | 3778 | 8892 | 450 |
| 金属制品业 | 5 | 47 | 11 | 14 | 188 | 1369 | |
| 通用设备制造业 | 22 | 642 | 30 | 64 | 2612 | 13553 | 4520 |
| 专用设备制造业 | 43 | 1758 | 26 | 158 | 21588 | 35313 | 3882 |
| 交通运输设备制造业 | 13 | 503 | 1 | 35 | 9672 | 22464 | 577 |
| 电气机械及器材制造业 | 12 | 398 | | 42 | 4229 | 20354 | 1239 |
| 通信设备、计算机及其他电子设备制造业 | 10 | 270 | 15 | 30 | 769 | 13066 | |
| 仪器仪表及文化、办公用机械制造业 | 13 | 321 | 69 | 74 | 4847 | 9916 | |
| 工艺品及其他制造业 | 4 | 9 | | | 26 | 39 | |
| 电力、燃气及水的生产和供应业 | 5 | 29 | 5 | 7 | 191 | 11350 | 14 |
| 电力、热力的生产和供应业 | 4 | 18 | | 3 | 171 | 11317 | 14 |
| 水的生产和供应业 | 1 | 11 | 5 | 4 | 20 | 32 | |

6-8 续表

| 项　　目 | 机构数(个) | R&D人员(人) | #博士毕业 | 硕士毕业 | R&D经费支出(万元) | 仪器设备原价(万元) | #进口 |
|---|---|---|---|---|---|---|---|
| 建筑业 | 42 | 363 | 4 | 72 | 1499 | 58343 | 1998 |
| 房屋和土木工程建筑业 | 36 | 343 | 4 | 71 | 1433 | 57953 | 1925 |
| 建筑安装业 | 6 | 21 | | | 66 | 391 | 73 |
| 交通运输、仓储和邮政业 | 1 | | | | | 198 | |
| 铁路运输业 | 1 | | | | | 198 | |
| 信息传输、计算机服务和软件业 | 10 | 162 | 7 | 25 | 661 | 1420 | |
| 电信和其他信息传输服务业 | 2 | 17 | | 1 | 20 | 713 | |
| 计算机服务业 | 4 | 111 | 6 | 22 | 407 | 450 | |
| 软件业 | 4 | 34 | 1 | 2 | 235 | 256 | |
| 金融业 | 1 | | | | | 978 | |
| 银行业 | 1 | | | | | 978 | |
| 租赁和商务服务业 | 7 | 126 | 1 | 5 | 1874 | 2506 | 387 |
| 商务服务业 | 7 | 126 | 1 | 5 | 1874 | 2506 | 387 |
| 科学研究、技术服务和地质勘查业 | 50 | 4589 | 334 | 729 | 87379 | 94604 | 34586 |
| 研究与试验发展 | 25 | 4526 | 326 | 725 | 86998 | 87895 | 34130 |
| 专业技术服务业 | 9 | 47 | 8 | 4 | 335 | 4171 | 457 |
| 科技交流和推广服务业 | 13 | 16 | | | 46 | 180 | |
| 地质勘查业 | 3 | | | | | 2357 | |
| 水利、环境和公共设施管理业 | 17 | 55 | 2 | 4 | 156 | 1575 | 30 |
| 水利管理业 | 12 | 39 | | | 102 | 1092 | 13 |
| 环境管理业 | 4 | 12 | 2 | 4 | 34 | 483 | 18 |
| 公共设施管理业 | 1 | 4 | | | 20 | | |
| 居民服务和其他服务业 | 1 | 9 | 3 | 5 | 3 | 2 | |
| 其他服务业 | 1 | 9 | 3 | 5 | 3 | 2 | |
| 教育 | 5 | 34 | 15 | 13 | 45 | 165 | |
| 教育 | 5 | 34 | 15 | 13 | 45 | 165 | |
| 卫生、社会保障和社会福利业 | 56 | 658 | 33 | 125 | 1235 | 16343 | 8626 |
| 卫生 | 56 | 658 | 33 | 125 | 1235 | 16343 | 8626 |
| 文化、体育和娱乐业 | 16 | 82 | 13 | 37 | 399 | 1313 | 488 |
| 文化艺术业 | 14 | 82 | 13 | 37 | 399 | 731 | 240 |
| 体育 | 2 | | | | | 582 | 248 |
| 公共管理和社会组织 | 10 | 6 | 2 | 2 | 15 | 2598 | 861 |
| 中国共产党机关 | 1 | 6 | 2 | 2 | 15 | 3 | |
| 国家机构 | 9 | | | | | 2596 | 861 |
| **四、按地区分组** | | | | | | | |
| 太原市 | 308 | 8876 | 668 | 1512 | 121442 | 278150 | 47620 |
| 大同市 | 19 | 1384 | 17 | 120 | 16507 | 48676 | 17884 |
| 阳泉市 | 30 | 385 | 6 | 21 | 8646 | 3926 | 450 |
| 长治市 | 76 | 2263 | 39 | 196 | 16270 | 27769 | 709 |
| 晋城市 | 26 | 198 | 6 | 30 | 8476 | 13048 | 166 |
| 朔州市 | 6 | 99 | 1 | 12 | 9011 | 9580 | 18 |
| 晋中市 | 51 | 1353 | 21 | 136 | 15882 | 28655 | 8813 |
| 运城市 | 24 | 1305 | 34 | 129 | 11977 | 35716 | 4636 |
| 忻州市 | 24 | 158 | 4 | 14 | 402 | 6232 | 177 |
| 临汾市 | 30 | 941 | 35 | 115 | 13769 | 25050 | 13092 |
| 吕梁市 | 13 | 541 | 3 | 17 | 8427 | 1001 | 121 |

# 6-9 国有企事业单位研究开发机构

| 项目 | 机构数(个) | R&D人员(人) | #博士毕业 | 硕士毕业 | R&D经费支出(万元) | 仪器设备原价(万元) | #进口 |
|---|---|---|---|---|---|---|---|
| **总计** | **318** | **8983** | **715** | **1556** | **117202** | **203023** | **53101** |
| **一、按机构组成类型分组** | | | | | | | |
| 政府部门办 | 182 | 6588 | 268 | 1058 | 100250 | 119991 | 45402 |
| 与国内高校合办 | 1 | 12 | 6 | 4 | 19 | | |
| 单位自办 | 135 | 2383 | 441 | 494 | 16933 | 83032 | 7699 |
| **二、按学科分组** | | | | | | | |
| 自然科学 | 18 | 218 | 71 | 58 | 1154 | 11023 | 2628 |
| 农业科学 | 62 | 1195 | 53 | 155 | 5857 | 9872 | 1128 |
| 医药科学 | 56 | 663 | 36 | 128 | 1253 | 16555 | 8676 |
| 工程与技术科学 | 134 | 6551 | 503 | 1085 | 107872 | 160847 | 39381 |
| 人文与社会科学 | 48 | 356 | 52 | 130 | 1066 | 4726 | 1288 |
| **三、按项目服务的国民经济行业分组** | | | | | | | |
| 农、林、牧、渔业 | 59 | 1224 | 55 | 165 | 6002 | 10318 | 1285 |
| 　农业 | 31 | 1045 | 45 | 136 | 5383 | 7193 | 684 |
| 　林业 | 8 | 24 | 3 | 5 | 40 | 605 | 4 |
| 　畜牧业 | 6 | 97 | 4 | 15 | 183 | 671 | 327 |
| 　渔业 | 2 | | | | | 158 | 8 |
| 　农、林、牧、渔服务业 | 12 | 58 | 3 | 9 | 396 | 1692 | 263 |
| 采矿业 | 10 | 579 | 47 | 127 | 6132 | 3656 | 751 |
| 　煤炭开采和洗选业 | 10 | 579 | 47 | 127 | 6132 | 3656 | 751 |
| 制造业 | 69 | 1470 | 197 | 272 | 13374 | 52908 | 4693 |
| 　农副食品加工业 | 1 | | | | | | |
| 　食品制造业 | 2 | | | | | 10 | |
| 　饮料制造业 | 2 | 3 | | | 4 | 253 | 4 |
| 　印刷业和记录媒介的复制 | 1 | | | | | 264 | |
| 　化学原料及化学制品制造业 | 16 | 255 | 55 | 79 | 1747 | 6557 | 154 |
| 　医药制造业 | 3 | 9 | 3 | 5 | 42 | 381 | 58 |
| 　塑料制品业 | 1 | | | | | 140 | 62 |
| 　非金属矿物制品业 | 4 | 26 | | | 124 | 346 | |
| 　黑色金属冶炼及压延加工业 | 1 | 230 | | 4 | 1403 | 2307 | |
| 　有色金属冶炼及压延加工业 | 1 | 9 | 3 | 5 | 50 | 79 | |
| 　金属制品业 | 1 | 23 | 9 | 12 | 132 | 900 | |
| 　通用设备制造业 | 6 | 264 | 28 | 50 | 1238 | 9639 | 2760 |
| 　专用设备制造业 | 7 | 210 | 20 | 28 | 2134 | 2781 | 1 |
| 　交通运输设备制造业 | 2 | 57 | | 1 | 364 | 1007 | 415 |
| 　电气机械及器材制造业 | 5 | 230 | | 32 | 3299 | 17203 | 1239 |
| 　通信设备、计算机及其他电子设备制造业 | 6 | 16 | 11 | 4 | 240 | 2328 | |
| 　仪器仪表及文化、办公用机械制造业 | 6 | 130 | 67 | 52 | 2572 | 8675 | |
| 　工艺品及其他制造业 | 4 | 9 | | | 26 | 39 | |
| 电力、燃气及水的生产和供应业 | 3 | 28 | 5 | 7 | 88 | 11233 | 14 |
| 　电力、热力的生产和供应业 | 2 | 17 | | 3 | 68 | 11200 | 14 |
| 　水的生产和供应业 | 1 | 11 | 5 | 4 | 20 | 32 | |

6-9 续表

| 项　　目 | 机构数(个) | R&D人员(人) | #博士毕业 | #硕士毕业 | R&D经费支出(万元) | 仪器设备原价(万元) | #进口 |
|---|---|---|---|---|---|---|---|
| 建筑业 | 19 | 152 | 4 | 65 | 562 | 5035 | 1438 |
| 房屋和土木工程建筑业 | 16 | 150 | 4 | 65 | 545 | 4648 | 1365 |
| 建筑安装业 | 3 | 3 |  |  | 17 | 387 | 73 |
| 交通运输、仓储和邮政业 | 1 |  |  |  |  | 198 |  |
| 铁路运输业 | 1 |  |  |  |  | 198 |  |
| 信息传输、计算机服务和软件业 | 3 | 8 | 5 | 2 | 31 | 1003 |  |
| 电信和其他信息传输服务业 | 1 |  |  |  |  | 682 |  |
| 计算机服务业 | 1 | 8 | 5 | 2 | 31 | 85 |  |
| 软件业 | 1 |  |  |  |  | 237 |  |
| 租赁和商务服务业 | 2 | 92 |  | 3 | 1799 | 2233 | 337 |
| 商务服务业 | 2 | 92 |  | 3 | 1799 | 2233 | 337 |
| 科学研究、技术服务和地质勘查业 | 50 | 4589 | 334 | 729 | 87379 | 94604 | 34586 |
| 研究与试验发展 | 25 | 4526 | 326 | 725 | 86998 | 87895 | 34130 |
| 专业技术服务业 | 9 | 47 | 8 | 4 | 335 | 4171 | 457 |
| 科技交流和推广服务业 | 13 | 16 |  |  | 46 | 180 |  |
| 地质勘查业 | 3 |  |  |  |  | 2357 |  |
| 水利、环境和公共设施管理业 | 16 | 51 | 2 | 4 | 136 | 1575 | 30 |
| 水利管理业 | 12 | 39 |  |  | 102 | 1092 | 13 |
| 环境管理业 | 4 | 12 | 2 | 4 | 34 | 483 | 18 |
| 居民服务和其他服务业 | 1 | 9 | 3 | 5 | 3 | 2 |  |
| 其他服务业 | 1 | 9 | 3 | 5 | 3 | 2 |  |
| 教育 | 5 | 34 | 15 | 13 | 45 | 165 |  |
| 教育 | 5 | 34 | 15 | 13 | 45 | 165 |  |
| 卫生、社会保障和社会福利业 | 54 | 658 | 33 | 125 | 1235 | 16184 | 8618 |
| 卫生 | 54 | 658 | 33 | 125 | 1235 | 16184 | 8618 |
| 文化、体育和娱乐业 | 16 | 82 | 13 | 37 | 399 | 1313 | 488 |
| 文化艺术业 | 14 | 82 | 13 | 37 | 399 | 731 | 240 |
| 体育 | 2 |  |  |  |  | 582 | 248 |
| 公共管理和社会组织 | 10 | 6 | 2 | 2 | 15 | 2598 | 861 |
| 中国共产党机关 | 1 | 6 | 2 | 2 | 15 | 3 |  |
| 国家机构 | 9 |  |  |  |  | 2596 | 861 |
| **四、按地区分组** |  |  |  |  |  |  |  |
| 太原市 | 201 | 5894 | 638 | 1195 | 85331 | 144301 | 37367 |
| 大同市 | 13 | 652 | 8 | 84 | 10329 | 12374 | 4177 |
| 阳泉市 | 6 | 8 |  |  | 8 | 21 |  |
| 长治市 | 23 | 539 | 4 | 38 | 4212 | 5285 | 648 |
| 晋城市 | 6 | 6 |  |  | 51 | 9 |  |
| 朔州市 | 3 | 10 |  |  | 41 | 218 | 18 |
| 晋中市 | 21 | 1043 | 15 | 113 | 11657 | 18223 | 7046 |
| 运城市 | 9 | 430 | 15 | 72 | 4504 | 16869 | 1274 |
| 忻州市 | 14 | 115 | 2 | 10 | 251 | 342 | 65 |
| 临汾市 | 16 | 234 | 29 | 34 | 700 | 5006 | 2386 |
| 吕梁市 | 6 | 53 | 3 | 10 | 118 | 375 | 121 |

## 6-10 外商投资企事业单位研究开发机构

| 项目 | 机构数(个) | R&D人员(人) | #博士毕业 | 硕士毕业 | R&D经费支出(万元) | 仪器设备原价(万元) | #进口 |
|---|---|---|---|---|---|---|---|
| **总计** | **16** | **271** | **6** | **23** | **1189** | **14271** | **1850** |
| **一、按机构组成类型分组** | | | | | | | |
| 单位自办 | 16 | 271 | 6 | 23 | 1189 | 14271 | 1850 |
| **二、按学科分组** | | | | | | | |
| 工程与技术科学 | 16 | 271 | 6 | 23 | 1189 | 14271 | 1850 |
| **三、按项目服务的国民经济行业分组** | | | | | | | |
| 制造业 | 15 | 271 | 6 | 23 | 1189 | 14239 | 1850 |
| 石油加工、炼焦及核燃料加工业 | 4 | | | | | 360 | |
| 化学原料及化学制品制造业 | 1 | 103 | 3 | | 4 | 48 | |
| 医药制造业 | 3 | 22 | 2 | 9 | 200 | 6251 | 1850 |
| 通用设备制造业 | 2 | 22 | | 3 | 50 | 380 | |
| 交通运输设备制造业 | 2 | 54 | 1 | 2 | 680 | 6630 | |
| 通信设备、计算机及其他电子设备制造业 | 1 | 47 | | 6 | 152 | 564 | |
| 仪器仪表及文化、办公用机械制造业 | 2 | 23 | 1 | 3 | 103 | 5 | |
| 信息传输、计算机服务和软件业 | 1 | | | | | 32 | |
| 软件业 | 1 | | | | | 32 | |
| **四、按地区分组** | | | | | | | |
| 太原市 | 5 | 70 | 3 | 14 | 961 | 11318 | 1600 |
| 大同市 | 3 | 103 | 3 | | 4 | 1019 | 250 |
| 长治市 | 4 | | | | | 360 | |
| 晋城市 | 2 | 47 | | 6 | 152 | 864 | |
| 运城市 | 1 | 22 | | 3 | 50 | 80 | |
| 临汾市 | 1 | 29 | 1 | | 22 | 630 | |

## 6-11 港澳台商企事业单位研究开发机构

| 项　　目 | 机构数(个) | R&D人员(人) | #博士毕业 | 硕士毕业 | R&D经费支出(万元) | 仪器设备原价(万元) | #进口 |
|---|---|---|---|---|---|---|---|
| **总　　计** | **5** | **267** | | **7** | **2914** | **6966** | **15** |
| **一、按机构组成类型分组** | | | | | | | |
| 单位自办 | 5 | 267 | | 7 | 2914 | 6966 | 15 |
| **二、按学科分组** | | | | | | | |
| 工程与技术科学 | 5 | 267 | | 7 | 2914 | 6966 | 15 |
| **三、按项目服务的国民经济行业分组** | | | | | | | |
| 制造业 | 3 | 265 | | 7 | 2911 | 6901 | |
| 石油加工、炼焦及核燃料加工业 | 1 | 35 | | | 124 | 20 | |
| 专用设备制造业 | 1 | 212 | | 5 | 2436 | 6882 | |
| 电气机械及器材制造业 | 1 | 18 | | 3 | 351 | | |
| 电力、燃气及水的生产和供应业 | 2 | 2 | | | 3 | 65 | 15 |
| 电力、热力的生产和供应业 | 2 | 2 | | | 3 | 65 | 15 |
| **四、按地区分组** | | | | | | | |
| 朔州市 | 1 | 2 | | | 3 | 65 | 15 |
| 晋中市 | 3 | 247 | | 5 | 2560 | 6901 | |
| 临汾市 | 1 | 18 | | 3 | 351 | | |

## 6-12 各地区按行业分企事业单位研究开发机构

| 地　　区 | 农、林、牧、渔业 | | | | | | |
|---|---|---|---|---|---|---|---|
| | 机构数(个) | R&D人员(人) | #博士毕业 | 硕士毕业 | R&D经费支出(万元) | 仪器设备原价(万元) | #进口 |
| **总　计** | **28** | **60** | **2** | **4** | **461** | **713** | **3** |
| **按地区分组** | | | | | | | |
| 太原市 | 3 | | | | | 2 | |
| 大同市 | | | | | | | |
| 阳泉市 | | | | | | | |
| 长治市 | 20 | 57 | 1 | 4 | 412 | 480 | |
| 晋城市 | 4 | 3 | 1 | | 49 | 222 | 3 |
| 朔州市 | | | | | | | |
| 晋中市 | | | | | | | |
| 运城市 | | | | | | | |
| 忻州市 | 1 | | | | | 9 | |
| 临汾市 | | | | | | | |
| 吕梁市 | | | | | | | |

6-12 续表1

| 地 区 | 采矿业 | | | | | | |
|---|---|---|---|---|---|---|---|
| | 机构数(个) | R&D人员(人) | #博士毕业 | 硕士毕业 | R&D经费支出(万元) | 仪器设备原价(万元) | #进口 |
| **总 计** | **22** | **1665** | **43** | **229** | **39197** | **57655** | **14708** |
| **按地区分组** | | | | | | | |
| 太原市 | 2 | 123 | 3 | 42 | 2061 | 5764 | 1000 |
| 大同市 | 1 | 424 | 6 | 22 | 2589 | 31154 | 13707 |
| 阳泉市 | 3 | 162 | 4 | 6 | 6327 | 254 | |
| 长治市 | 3 | 363 | 22 | 111 | 3067 | 1548 | |
| 晋城市 | 4 | 110 | 5 | 25 | 7608 | 8824 | 1 |
| 朔州市 | 1 | 82 | 1 | 12 | 8509 | 9192 | |
| 晋中市 | 5 | 111 | 2 | 9 | 3385 | 910 | |
| 运城市 | | | | | | | |
| 忻州市 | 1 | 3 | | 1 | 1 | 10 | |
| 临汾市 | | | | | | | |
| 吕梁市 | 2 | 288 | | 1 | 5649 | | |

6-12 续表2

| 地 区 | 制造业 | | | | | | |
|---|---|---|---|---|---|---|---|
| | 机构数(个) | R&D人员(人) | #博士毕业 | 硕士毕业 | R&D经费支出(万元) | 仪器设备原价(万元) | #进口 |
| **总 计** | **233** | **7791** | **84** | **574** | **84216** | **212476** | **31103** |
| **按地区分组** | | | | | | | |
| 太原市 | 80 | 2634 | 28 | 261 | 34257 | 85725 | 10285 |
| 大同市 | 10 | 416 | 6 | 14 | 3596 | 8133 | 250 |
| 阳泉市 | 17 | 211 | 2 | 15 | 2290 | 3423 | 450 |
| 长治市 | 34 | 1681 | 12 | 62 | 11664 | 24448 | 11 |
| 晋城市 | 13 | 126 | 1 | 11 | 921 | 4706 | 162 |
| 朔州市 | 2 | 7 | | | 460 | 170 | |
| 晋中市 | 31 | 604 | 7 | 26 | 3973 | 22999 | 4527 |
| 运城市 | 16 | 1116 | 19 | 92 | 10804 | 35692 | 4601 |
| 忻州市 | 9 | 43 | 2 | 4 | 150 | 5881 | 112 |
| 临汾市 | 16 | 753 | 7 | 84 | 13441 | 20674 | 10706 |
| 吕梁市 | 5 | 200 | | 6 | 2660 | 626 | |

6-12　续表3

| 地　区 | 电力、燃气及水的生产和供应业 | | | | | | |
|---|---|---|---|---|---|---|---|
| | 机构数(个) | R&D人员(人) | #博士毕业 | 硕士毕业 | R&D经费支出(万元) | 仪器设备原价(万元) | #进口 |
| **总　计** | **6** | **20** | | **3** | **174** | **11382** | **29** |
| **按地区分组** | | | | | | | |
| 太原市 | 1 | 14 | | 3 | 58 | 11018 | |
| 大同市 | | | | | | | |
| 阳泉市 | 1 | | | | | | |
| 长治市 | 1 | 1 | | | 103 | 117 | |
| 晋城市 | | | | | | | |
| 朔州市 | 2 | 4 | | | 13 | 247 | 29 |
| 晋中市 | 1 | | | | | | |
| 运城市 | | | | | | | |
| 忻州市 | | | | | | | |
| 临汾市 | | | | | | | |
| 吕梁市 | | | | | | | |

6-12　续表4

| 地　区 | 建筑业 | | | | | | |
|---|---|---|---|---|---|---|---|
| | 机构数(个) | R&D人员(人) | #博士毕业 | 硕士毕业 | R&D经费支出(万元) | 仪器设备原价(万元) | #进口 |
| **总　计** | **42** | **226** | | **7** | **997** | **54661** | **633** |
| **按地区分组** | | | | | | | |
| 太原市 | 36 | 210 | | 7 | 955 | 54267 | 633 |
| 大同市 | | | | | | | |
| 阳泉市 | 2 | | | | | 228 | |
| 长治市 | 1 | | | | 3 | 22 | |
| 晋城市 | | | | | | | |
| 朔州市 | | | | | | | |
| 晋中市 | 2 | 11 | | | 35 | 143 | |
| 运城市 | 1 | 5 | | | 5 | 1 | |
| 忻州市 | | | | | | | |
| 临汾市 | | | | | | | |
| 吕梁市 | | | | | | | |

6–12　续表5

| 地　　区 | 交通运输、仓储和邮政业 | | | | | | |
|---|---|---|---|---|---|---|---|
| | 机构数(个) | R&D人员(人) | #博士毕业 | 硕士毕业 | R&D经费支出(万元) | 仪器设备原价(万元) | #进口 |
| **总　计** | **1** | | | | | **198** | |
| **按地区分组** | | | | | | | |
| 太原市 | 1 | | | | | 198 | |
| 大同市 | | | | | | | |
| 阳泉市 | | | | | | | |
| 长治市 | | | | | | | |
| 晋城市 | | | | | | | |
| 朔州市 | | | | | | | |
| 晋中市 | | | | | | | |
| 运城市 | | | | | | | |
| 忻州市 | | | | | | | |
| 临汾市 | | | | | | | |
| 吕梁市 | | | | | | | |

6–12　续表6

| 地　　区 | 信息传输、计算机服务和软件业 | | | | | | |
|---|---|---|---|---|---|---|---|
| | 机构数(个) | R&D人员(人) | #博士毕业 | 硕士毕业 | R&D经费支出(万元) | 仪器设备原价(万元) | #进口 |
| **总　计** | **9** | **154** | **2** | **23** | **630** | **1130** | |
| **按地区分组** | | | | | | | |
| 太原市 | 8 | 154 | 2 | 23 | 630 | 449 | |
| 大同市 | | | | | | | |
| 阳泉市 | | | | | | | |
| 长治市 | | | | | | | |
| 晋城市 | | | | | | | |
| 朔州市 | | | | | | | |
| 晋中市 | | | | | | | |
| 运城市 | | | | | | | |
| 忻州市 | | | | | | | |
| 临汾市 | 1 | | | | | 682 | |
| 吕梁市 | | | | | | | |

6-12 续表7

| 地　　区 | 金融业 | | | | | | |
|---|---|---|---|---|---|---|---|
| | 机构数(个) | R&D人员(人) | #博士毕业 | 硕士毕业 | R&D经费支出(万元) | 仪器设备原价(万元) | #进口 |
| **总　计** | **1** | | | | | **978** | |
| **按地区分组** | | | | | | | |
| 太原市 | 1 | | | | | 978 | |
| 大同市 | | | | | | | |
| 阳泉市 | | | | | | | |
| 长治市 | | | | | | | |
| 晋城市 | | | | | | | |
| 朔州市 | | | | | | | |
| 晋中市 | | | | | | | |
| 运城市 | | | | | | | |
| 忻州市 | | | | | | | |
| 临汾市 | | | | | | | |
| 吕梁市 | | | | | | | |

6-12 续表8

| 地　　区 | 租赁和商务服务业 | | | | | | |
|---|---|---|---|---|---|---|---|
| | 机构数(个) | R&D人员(人) | #博士毕业 | 硕士毕业 | R&D经费支出(万元) | 仪器设备原价(万元) | #进口 |
| **总　计** | **7** | **126** | **1** | **5** | **1874** | **2506** | **387** |
| **按地区分组** | | | | | | | |
| 太原市 | 4 | 109 | 1 | 3 | 1839 | 2266 | 337 |
| 大同市 | | | | | | | |
| 阳泉市 | | | | | | | |
| 长治市 | 2 | 16 | | 2 | 35 | 240 | 50 |
| 晋城市 | 1 | | | | | | |
| 朔州市 | | | | | | | |
| 晋中市 | | | | | | | |
| 运城市 | | | | | | | |
| 忻州市 | | | | | | | |
| 临汾市 | | | | | | | |
| 吕梁市 | | | | | | | |

6-12 续表9

| 地 区 | 科学研究、技术服务和地质勘查业 | | | | | | |
|---|---|---|---|---|---|---|---|
| | 机构数(个) | R&D人员(人) | #博士毕业 | 硕士毕业 | R&D经费支出(万元) | 仪器设备原价(万元) | #进口 |
| **总 计** | **173** | **6525** | **250** | **1048** | **100100** | **118059** | **45402** |
| **按地区分组** | | | | | | | |
| 太原市 | 103 | 4477 | 222 | 818 | 75698 | 94915 | 36727 |
| 大同市 | 9 | 639 | 6 | 77 | 10325 | 10401 | 4177 |
| 阳泉市 | 6 | 8 | | | 8 | 21 | |
| 长治市 | 13 | 133 | 1 | 11 | 980 | 534 | 58 |
| 晋城市 | 5 | 6 | | | 51 | 9 | |
| 朔州市 | 2 | 7 | | | 31 | 36 | 4 |
| 晋中市 | 5 | 790 | 6 | 93 | 10857 | 10719 | 4216 |
| 运城市 | 7 | 176 | 10 | 20 | 1216 | 101 | 35 |
| 忻州市 | 10 | 74 | 1 | 4 | 249 | 328 | 65 |
| 临汾市 | 8 | 165 | 2 | 16 | 586 | 621 | |
| 吕梁市 | 5 | 50 | 2 | 9 | 101 | 375 | 121 |

6-12 续表10

| 地 区 | 水利、环境和公共设施管理业 | | | | | | |
|---|---|---|---|---|---|---|---|
| | 机构数(个) | R&D人员(人) | #博士毕业 | 硕士毕业 | R&D经费支出(万元) | 仪器设备原价(万元) | #进口 |
| **总 计** | **2** | **31** | | | **101** | **15** | |
| **按地区分组** | | | | | | | |
| 太原市 | | | | | | | |
| 大同市 | | | | | | | |
| 阳泉市 | 1 | 4 | | | 20 | | |
| 长治市 | | | | | | | |
| 晋城市 | | | | | | | |
| 朔州市 | | | | | | | |
| 晋中市 | 1 | 27 | | | 80 | 15 | |
| 运城市 | | | | | | | |
| 忻州市 | | | | | | | |
| 临汾市 | | | | | | | |
| 吕梁市 | | | | | | | |

6–12　续表11

| 地　区 | 教育 | | | | | | |
|---|---|---|---|---|---|---|---|
| | 机构数(个) | R&D人员(人) | #博士毕业 | 硕士毕业 | R&D经费支出(万元) | 仪器设备原价(万元) | #进口 |
| **总　计** | **83** | **1286** | **445** | **389** | **6888** | **38430** | **3046** |
| **按地区分组** | | | | | | | |
| 太原市 | 62 | 1119 | 402 | 324 | 6692 | 33207 | |
| 大同市 | 1 | 9 | 2 | 7 | 1 | 7 | |
| 阳泉市 | | | | | | | |
| 长治市 | 3 | 12 | 3 | 6 | 6 | 740 | 590 |
| 晋城市 | | | | | | | |
| 朔州市 | | | | | | | |
| 晋中市 | 8 | 46 | 6 | 11 | 74 | 770 | 70 |
| 运城市 | 1 | 30 | 5 | 20 | 2 | 2 | |
| 忻州市 | 2 | 6 | | 3 | | | |
| 临汾市 | 6 | 64 | 27 | 18 | 112 | 3704 | 2386 |
| 吕梁市 | | | | | | | |

6–12　续表12

| 地　区 | 卫生、社会保障和社会福利业 | | | | | | |
|---|---|---|---|---|---|---|---|
| | 机构数(个) | R&D人员(人) | #博士毕业 | 硕士毕业 | R&D经费支出(万元) | 仪器设备原价(万元) | #进口 |
| **总　计** | **21** | **157** | **15** | **50** | **272** | **835** | **238** |
| **按地区分组** | | | | | | | |
| 太原市 | 12 | 106 | 13 | 45 | 214 | 680 | 238 |
| 大同市 | 1 | | | | | | |
| 阳泉市 | | | | | | | |
| 长治市 | 3 | | | | | | |
| 晋城市 | 1 | | | | | 150 | |
| 朔州市 | | | | | | | |
| 晋中市 | 1 | 11 | | 2 | 37 | | |
| 运城市 | | | | | | | |
| 忻州市 | 1 | 32 | 1 | 2 | 2 | 5 | |
| 临汾市 | 1 | 5 | | | 2 | | |
| 吕梁市 | 1 | 3 | 1 | 1 | 17 | | |

# 附　录

# 主要统计指标解释

**R&D：** 即研究与试验发展，是指在科学技术领域，为增加知识总量、以及运用这些知识去创造新的应用进行的系统的创造性的活动，包括基础研究、应用研究、试验发展三类活动。

**基础研究：** 是指为了获得关于现象和可观察事实的基本原理的新知识（揭示客观事物的本质、运动规律，获得新发现、新学说）而进行的实验性或理论性研究，它不以任何专门或特定的应用或使用为目的。其成果以科学论文和科学著作为主要形式。

**应用研究：** 是指为获得新知识而进行的创造性研究，主要针对某一特定的目的或目标。应用研究是为了确定基础研究成果可能的用途，或是为达到预定的目标探索应采取的新方法（原理性）或新途径。其成果形式以科学论文、专著、原理性模型或发明专利为主。

**试验发展：** 是指利用从基础研究、应用研究和实际经验所获得的现有知识，为产生新的产品、材料和装置，建立新的工艺、系统和服务，以及对已产生和建立的上述各项作实质性的改进而进行的系统性工作。其成果形式主要是专利、专有技术、具有新产品基本特征的产品原型或具有新装置基本特征的原始样机等。在社会科学领域，试验发展是指把通过基础研究、应用研究获得的知识转变成可以实施的计划（包括为进行检验和评估实施示范项目）的过程。人文科学领域没有对应的试验发展活动。

**R&D 人员：** 指单位内部从事基础研究、应用研究和试验发展三类活动的人员。包括直接参加上述三类项目活动的人员以及这三类项目的管理人员和直接服务人员。

**研究人员：** 指从事新知识、新产品、新工艺、新方法、新系统的构想或创造的专业人员及 R&D 项目（课题）或 R&D 机构的高级管理人员。研究人员一般应具备中级以上职称或博士学历。

**全时人员：** 在报告年度实际从事研发活动的时间占制度工作时间 90%及以上的研发人员。在科技管理部门（科研管理处、部、科）专职从事研发活动管理工作的人员、单位所属常年有开发任务的研发机构中专职从事研发活动及其管理和直接服务的人员，以及上述人员以外在报告年度主要从事研发项目的人员可视作研发活动全时人员。

**R&D 人员全时当量：** R&D 人员全时当量是国际上通用的、用于比较科技人力投入的指标。指 R&D 全时人员工作量与非全时人员按实际工作时间折算的工作量之和。例如：有 2 个 R&D 全时人员（工作时间分别为 0.9 年和 1 年）和 3 个 R&D 非全时人员（工作时间分别为 0.2 人年、0.3 人年和 0.7 人年），则 R&D 人员全时当量=1+1+0.2+0.3+0.7=3.2（人年）。

**R&D 经费内部支出：** 指调查单位在报告年度用于内部开展 R&D 活动（基础研究、应用研究和试验发展）的实际支出。包括用于 R&D 项目（课题）活动的直接支出，以及间接用于 R&D 活动的管理费、服务费、与 R&D 有关的基本建设支出以及外协加工费等。

**日常性支出：** 指调查单位在报告年度为开展 R&D 活动而发生的人员的劳务费，与 R&D 活动相关的各项管理费用和购买非资产性的材料、物资费用等。

**人员劳务费：** 指以货币或实物形式直接或间接支付给 R&D 活动人员的劳动报酬。包括各种形式的工资、补助工资、津贴、价格补贴、奖金、福利、失业保险、养老保险、医疗保险、工伤保险、人民助学金等。

**资产性支出：**指调查单位在报告年度为开展 R&D 活动而进行建造、购置、安装、改建、扩建固定资产，以及进行设备技术改造和大修理等实际支出的费用。

**仪器和设备：**指调查单位在报告年度为开展 R&D 活动而用于购买仪器和设备的实际支出。

**政府资金：**指调查单位 R&D 经费内部支出中来自各级政府部门的各类资金，包括财政科学技术拨款、科学基金、教育等部门事业费以及政府部门预算外资金的实际支出。

**企业资金：**指调查单位 R&D 经费内部支出中来自本企业的自有资金和接受其他企业委托而获得的经费，以及科研院所、高校等事业单位从企业获得的资金的实际支出。

**国外资金：**指调查单位 R&D 经费内部支出中来自中国境外的企业、大学、国际组织、民间组织、金融机构及外国政府的资金的实际支出。

**其他资金：**指从上述渠道以外获得的计划用于 R&D 活动的经费，如企业从金融机构贷款得到的用于内部开展 R&D 活动的资金，从独立科研院所和高等学校等事业单位获得的用于 R&D 活动的经费，来自民间非赢利机构的资助和个人捐赠等。

**外部支出：**指报告年度调查单位委托外单位或与外单位合作进行 R&D 活动而拨给对方的经费。不包括外协加工费。

**R&D 项目（课题）数：**指调查单位在当年立项并开展研究工作、以前年份立项仍继续进行研究的研发项目（课题）数，包括当年完成和年内研究工作已告失败的研发项目（课题）。

**限额以上 R&D 项目（课题）数：**包括工业企业立项经费在 10 万元及以上的项目（课题）及其他企事业单位全部 R&D 项目。

**专利申请数：**指调查单位在报告年度向国内外知识产权行政部门提出专利申请并被受理的件数。

**发明专利申请数：**指调查单位在报告年度向国内外知识产权行政部门提出发明专利申请并被受理的件数。

**有效发明专利数：**指调查单位作为专利权人在报告年度拥有的、经国内外知识产权行政部门授权且在有效期内的发明专利件数。

**专利所有权转让及许可数：**指报告年度调查单位向外单位转让专利所有权或允许专利技术由被许可单位使用的件数。

**专利所有权转让与许可收入：**指报告年度调查单位向外单位转让专利所有权或允许专利技术由被许可单位使用而得到的收入。包括当年从被转让方或被许可方得到的一次性付款和分期付款收入，以及利润分成、股息收入等。

**发表科技论文：**指在学术刊物上以书面形式发表的最初的科学研究成果。应具备以下三个条件：（1）首次发表的研究成果；（2）作者的结论和试验能被同行重复并验证；（3）发表后科技界能引用。

**出版科技著作：**指经过正式出版部门编印出版的论述科学技术问题的理论性论文集或专著以及大专院校教科书、科普著作。但不包括翻译国外的著作。由多人合著的科技著作，由第一作者所在单位统计。

**研究开发机构数：**包括各类独立的研究开发机构以及企事业单位办的非独立的研究开发机构。

机构 R&D 经费支出：指报告年度独立研究开发机构与非独立研究开发机构用于内部开展研发活动实际支出的费用。